Differences: Contemporary Architectural Form

差异 | 当代建筑形式解析

黄源　王丽方　著

U0387412

中国建筑工业出版社

目 录

1　导言：形式—差异

　　建筑是最大的人造物体之一，是一个非常综合的系统。功能、结构、环境、经济等因素错综复杂，相互关联。建筑形式，也是相互关联的一个方面，而且是特别重要的方面。

　　形式，可以认为是从维特鲁威的"美观"范畴中发展而来的。托伯特·哈姆林在《20世纪建筑的功能与形式》第二卷《构图原理》（即《建筑形式美的原则》）中写道："美的创作是建筑师的最高职责。归根到底，决定一个建筑物的重大价值，看起来是美学标准。[1]"形式一词的内在含义非常广泛而复杂。形式，代表了几何、构图，也代表了形态和空间组织，以及美学方面，甚至可以扩展至外部环境、场所与城市。[2]

　　英国著名建筑理论家戴维·史密斯·卡彭将建筑历史与理论中繁多的建筑概念与范畴梳理归结为 6 个，其中位列第一层级的基本范畴包括：形式、功能、意义，位列第二层级的派生范畴包括：结构、文脉、意志。[3]

　　"形式"在建筑学中具有基础性地位，"形式问题"确定无疑地属于建筑学的基本问题之一。对于形式的研究是有价值的基础性研究。唯有对其进行深入广泛的研究，才能更好地做到建筑学各范畴、各原则的协调一致。

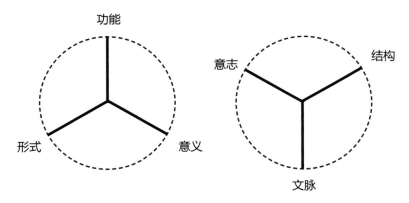

图 1.1.1　建筑概念与范畴

1.1 形式的定义

"形式"一词在词典中的解释：

指某物的样子和构造，区别于该物构成的材料，即为事物的外形。

指事物的内在结构或规律。

指事物内在要素的结构或表现方式。

"形式"一词在相关著作中的定义与范畴：形式是一个综合性很强的词汇，它可以指外观，可以指某种特定的状态。"在艺术和设计中，我们常用这个词来表示一件作品的外形结构，即排列和协调某整体中的各要素或各组成部分的手法，目的在于形成条理分明的形象。[4]"

——程大锦，《建筑：形式、空间与秩序》（第三版），2008 年中文版

"眼睛所见即为形式，所见中读取的含义即为内容。形式是指作品以内包含的、综合了视觉特质的总体效果，这些元素包括材料、颜色、形状、线条和设计等。内容是指作品的信息或内涵寓意——艺术家想要向观赏者传递或表达的东西。内容决定形式，而形式表达内容。两者相互关联，不可分割。形式变了，内容也变，反之亦然。[5]"

——帕特里克·弗兰克，《视觉艺术原理》（第八版），2006 年英文版，2008 年中文版

"在具体应用中，"形状"和"形式"这两个词往往被人们用来标示同一个事物。没有一个视觉样式是只为它自身而存在的，它总是要再现某种超出它自身存在之外的某种东西。这就是说，所有形式都应该是某种内容的形式。[6]"

——鲁道夫·阿恩海姆，《艺术与视知觉》，1974 年英文版，1998 年中文版

形式是人类本身的一部分，它随着人类的兴盛而兴盛，它随着人类的衰退而衰退。[7]

——伊利尔·沙里宁，《形式的探索——一条处理艺术问题的基本途径》，1947 英文版，1989 年中文版

"所谓形式，就是指物理形式和心理形式的同等作用，即内在形式能表达外在形式的作用。或者说表达外在形式和内在形式的关系，称为形式。思维、知觉、想象、认识

都是形式活动的表现，形式不仅是人类认识世界的工具，也是人类表达、交流、发展科技文化的重要工具。[8]"

——钱家渝，《视觉心理学——视觉形式的思维与传播》，2006 年

通过以上定义和描述，可以看出：形式，是一个在各研究领域内，内涵十分丰富、包罗万象的词汇。其定义多种多样，并且处于不同层面，有些偏向设计和艺术创作的实际，有的则偏向哲学、逻辑学、心理学和人类学。

1.2　核心内容

形式，是表现的层面。功能、生活方式、意义、象征、美学价值等，是内容的层面。

本书主要是基于建筑形式的独立性进行的研究，主要研究建筑具体、有形的部分：即形式的要素、特征和组织。另外，本书也涉及形式效果，主要关于建筑体验中的知觉现象，如触觉、动觉等。在此基础上，本书也讨论了形式与功能、形式与美学的协同关系。本书较少谈及建筑形式以外的因素，并不意味着在思考形式时不顾及功能、结构、意义、文脉等因素。

形式要素、特征、组织方式构成相对较为理性、客观的层面，而体验、感官感知相对构成较为主观的层面，两个层面共同构成形式美的原则、构图原理的基础。建立这种联系（即图 1.2.1 中的联系 1）的一本重要著作就是托伯特·哈姆林的《建筑形式美的原则》，它将构图原理总结为统一、均衡、比例、尺度、韵律、序列。

然而，现当代建筑已经呈现出纷繁复杂的现象，特别是近 30 年来，出现了大量与常规建筑形式迥异的建筑样式，很大程度上已经打破了所谓形式美的原则，构图原理存在的合理性、有效性遭到质疑。形式与形式美的逻辑联系被切断了，甚至连形式美本身都成了问题——美与不美失去了标准。

对形式美的探讨建立在对形式的两个层面的研究之上，已经总结的形式美原则被破除或被质疑，根源在于形式的两个层面近年来已经发生了变化。但这并不意味着，关于形式要素、特征、组织方式，以及体验、感官感知的思考框架也不存在了，简言

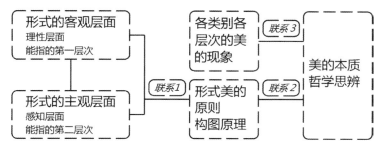

图 1.2.1　形式研究脉络示意图

之，这一框架的核心，即所谓构成手法仍然是建筑师的重要本领。在一个建筑作品中，各种元素仍然需要按照某种方式放在一起，形成构图，或者说"构成"（composition）（来自法语 composer——放在一起）。[9]

当代建筑的形式构成手法相比于现代建筑初期和古典建筑时期，已经发生了极大的扩展和变化，本书的核心内容是要对这种扩展和变化作出基本的类型梳理，提供一个理解多种形式差异化手法的框架。

需要指出，构成手法差异化既是对原有形式处理手法的背离，也是对整个形式体系的扩展，原有手法并没有被抛弃，但新出现的构成手法值得关注，本书试图将其整合，为形式系统框架扩充新的内容，为思考当代建筑形式提供一个可能的角度。

每个个体、主体或艺术作品具有的唯一的条件如果能加以界定的话，便在于他们本身所存在的差异性。由相同事物所获得的知识只能得到全真式的逻辑。只有以差异性作为基础时，才有可能将特定的情境或客体归于独有的特征。承认差异的存在才能肯定多元的想法。多元文化是文化彼此之间的轮廓、外形和特有面貌的差异。以差异的问题对当代建筑目前的情势进行描述，意味着多元性不仅只是起点而已，同时也可以让当代建筑的真实性中的任何一部分在其中定位。[10]

——[西] 伊格拉西·德索拉-莫拉莱斯

Differences：*Topographies of Contemporary Architecture*

1.3　差异与创新

形式差异

面对当代建筑林林点点的形式，是否有思考的基点？

这个基点，也许首先在于形式的差异。

关注差异就是关注个性，这与通常关注共性研究的思维有所区别。世间各种事物皆有差异：动植物的差异和多样性带来世界的活力；建筑与城市的差异带来人们生活环境的多样性。特性、特质、个性都建立在差异的基础上。缺失差异，让城市千篇一律，几乎相同的道路网，不顾特定地域的地形、河流、传统民居和市镇肌理，简单地复制；几乎相同的建筑，特别是住宅，成片地大量复制；复制，消减特质和个性；复制，让品质丧失。

事实上，应该建立起从自然环境，到城市，到建筑，到室内各层级的多样化的差异。对于同类事物，也应该建立起可以细分的差异。在完整高质量的传统街区中猛然树立起差异极大的新式地标建筑固然是需要质疑的，两类建筑的矛盾和冲突源自整个城市没能形成差异的合理级配和彼此间的过渡衔接，但不能因此否定建筑形式差异存在的合理性。

事实上，差异性是有等级的，差异性也是可以操作和控制的。中国古代城市中，宫殿与皇家建筑是最高等级的地标建筑；庙宇、市楼、较低等级的官方建筑是第二等级的；大户人家的住宅次之；普通住宅、民居再次之。再加上城墙、钟鼓楼、牌坊这样的城市构筑物，以及街道系统形成的空间背景，最终，城市获得了它的结构：一个层级分明、包容了多种差异的结构。

回到建筑本身，建筑形式是建筑特殊性、差异性和个性的直接载体。"表现力从某种意义上说常常有赖于对公认的定则进行变异。[11]"变异是对"差异"一词的更为生动的描述，传达出追求差异、追求变化的内在动力。

从需求层面来看，形式的差异化已经成为艺术创作、设计领域、建筑领域创新的重要方面。

在当代全球化和互联信息网络的宏大背景下，我们看到了不同地区文明、文化的密切交流和相互影响，世界在某些方面似乎在融合与趋同。一个典型的情形是，从偏远的非洲小镇到纽约时报广场的街头，人们手握几乎相同的汉堡与可乐。然而，另一方面，且不论诸多原有的差异难以消除，在世界各地，所有设计与艺术的领域里，新的差异仍然被不断创造和传播。

差异，在此几乎等同于创新，或者说，追求差异与变化是设计创新的基础。

同质化的建筑在经济和效率方面具有优势；差异化建筑的诞生可能更具有文化传播价值和艺术形象价值。建筑形式成为数字图像以后，它们之间的差异不再局限于个别地域，而是被置于全球化视觉信息网络中进行比较、认知和传播。重大的差异化建筑的诞生成为全球的公共事件。这提示出，有差异的、创新的建筑形式更容易符号化，进入到更广大的社会文化语境中，建筑形式成为社会文化的一部分。

建筑形式的差异化现象

差异化，是基于某种渊源的改变，是密切联系着的若干差异。研究差异化，就是研究改变前的渊源，也是研究改变后差异间的联系，以及新出现的"性状"。

地域不同、时代不同，建筑形式就可能不同。步入 21 世纪，全球明星建筑师竞相标新立异，他们创作的形式常常脱离了古代传统建筑样式，甚至与近现代建筑迥异。以功能、结构、材料、场地等建筑设计的内在要求为契机，主动赋予建筑某些特殊的形式和特征。近十几年来普利茨克奖得主的建筑设计作品，几乎无一例外地具有特殊的形式，与通常的建筑相比，具有很大的差异性。本书主要探讨建筑师如何主动地赋予形式一定的差异性。其中，外观是形式研究的重点。特殊形式设计遵循着特殊的模式。其中的优秀作品被公认后才能成为当地地标，而余下一些特殊形式要么并不值得称道，要么无法被广泛认可，要么因为易于被模仿抄袭而贬值。

　　具有差异性的特殊形式不能贴上"某类风格"与"某某主义"的简单标签，它们中的佼佼者是独一无二的，难以归类，难以模仿，是具有极高研究价值的个性形式案例。对于普通造型建筑、样式建筑和各种折中建筑造型，本书不作讨论。

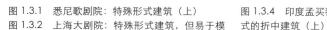

图 1.3.1　悉尼歌剧院：特殊形式建筑（上）
图 1.3.2　上海大剧院：特殊形式建筑，但易于模仿（中）
图 1.3.3　有较固定风格的样式建筑（下）

图 1.3.4　印度孟买泰姬玛哈酒店：普通造型与固定样式的折中建筑（上）
图 1.3.5　前景为趋同的大量普通造型住宅建筑，远景为建造中的望京 SOHO（北京）（下）

1.4 研究材料

● 本书主要选择与一般建筑相比造型差异显著的案例。

● 为了较广泛展现形式变化大潮流的面貌，本书选取了来自著作、杂志、网络媒体的建筑图片，部分国内外案例作者进行了实地考察。

● 本书从形式构成手法切入，将建筑形式（造型）作为统一的研究对象，并不区分建筑的类型、功能、地域和时代。素材选择包括了这一时代（近百年，尤其是近30年来）各地域、不同建筑师的作品。

● 在当代建筑中，形体的表面覆盖层，即表皮，也出现了多种多样的创造，其中一些整合了生态、可持续等技术和概念，本书集中于形体的形式研究，对于表皮不作过多研究，对于色彩、质感等形式特征不作讨论。

● 作为形式的独立性研究，本书主要针对大量案例最终造型的结果作出解析，对造型的构思过程、形成原因不作展开。

图片案例库的建立

当代文化，借助全球互联网，正处在从文字向图像（形象）转换的过程中。各种图像成为传播符号中极为重要的内容。摄影，这种机械复制技术成为记录和传播建筑形象的首要媒介，成为建筑专业人士与大众共享的媒介。读图时代已经来临，建筑图像，或者简言之，建筑照片已经成为一种独立的研究材料。成为本书案例库中的主要材料。各角度的照片，包括航拍图像，记录了建筑形象，一个建筑最主要的视觉特征甚至可以浓缩在一张建筑的"标准照"里。从图像中读取形式差异是可行的，虽然，这并不是经典的建筑学研究方法。

同时，平面图在研究形式组织时仍然是重要的研究素材，剖面图在研究空间和地形关系时也是重要的资料，各种资料在研究的不同需求之下进入研究者的视野。

从案例类型上说，本书研究形式差异化，所以要选择形式上差异度高的建筑案例，

图 1.4.1　本书部分案例模型

这是案例选择的基本准则。本书尝试从两个角度进行选择：

一是从吸引受众角度选择，即选择得到受众特别关注的建筑案例，特别是全球各大城市的地标建筑。

二是专业上公认对新的审美形式有贡献、创新较成功的建筑作品。这一类型主要包括 20 世纪 50 年代以来的建筑史中的著名案例，特别是近 30 年普利茨克建筑奖获得者的著名作品。

从时间上来说，本书的研究定位于当代建筑。如果尝试确定当代建筑的时间起点，20 世纪 40 年代末至 50 年代也许是一个合适的选择。

与这一时期相关的社会与建筑事件有：
1945 年，第二次世界大战结束；
1949 年，新中国成立；
1946 年，密斯·凡·德·罗设计范思沃斯住宅；
1950 年，勒·柯布西耶设计朗香教堂；
1952 年，弗兰克·劳埃德·赖特设计纽约古根海姆美术馆；
1956 年，埃罗·沙里宁设计肯尼迪国际机场美国环球航空公司候机楼；
1957 年，约翰·伍重设计悉尼歌剧院；
1960 年，汉斯·夏隆设计柏林爱乐音乐厅。

本书主要研究 1945 年以后的当代建筑案例，在此之前的现代建筑案例则作为对比与参照。

图 1.4.2　本书部分案例分析模型

1.5 研究框架

结合建筑形式研究、几何学与数学、认知心理学、系统论、艺术设计学和美学，本书的研究框架主要基于以下 3 点构成：

1）形式要素（类型与特征）；
2）形式组织；
3）形式效果和美学样式。

从要素、组织、效果等方面梳理当代建筑形式的变化，是本书主要的研究内容。"可以打一个比喻，在构成单字和扩展词汇之前，人们必须先学字母；在造句之前，人们必须学会句法和语法；在写文章、小说之前，必须懂得作文原理。[4]ix"

研究框架中的色彩是通过人类视觉系统中三类视锥细胞的不同激活状态而实现的[12]。而质感是指物体表面的触觉特性，或该特性的视觉表现。有时，透明性与反光属性也归入质感特征。其中的透明性，还暗示着人们对不同空间位置的同时感知[13]。色彩与质感特征主要是由建筑表皮的设计予以表达，本书不作讨论。

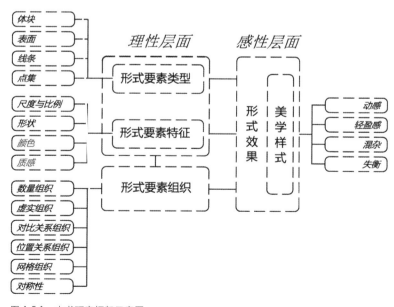

图 1.5.1　本书研究框架示意图

研究框架进一步阐释

在形式要素方面，点、线、面、体作为形式要素的基本类别是较为公认的。形状、颜色、质感、尺寸等作为形式要素的特征，可以用来进一步描述点、线、面、体。要素的基本类别和基本特征都是形式要素的主要内容。

形式组织方面侧重于具体的组织手法，比如：轴线与网格、对称、比例、重复、对比与统一、主体和次要、虚与实、位置关系组织、拓扑关系组织（包含、穿插、咬合、相邻等）。

基于建筑设计的实践操作需要，形式要素、特征和组织等客观层面是本书关注的重点，然而，在设计实践中，处于建筑师的个人性格、设计经验和审美意识的差异，不排除设计者从主观的形式效果和美学样式出发，先感性地想象，后理性地实现。所谓主观和客观的互动始终存在，难以严格分割，故本书没有刻意区分客观的形式规律和主观的形式感觉，而将形式要素、形式组织、形式效果和美学样式并置为 3 个章节。

研究框架中的其他相关术语进一步阐释如下：
■　形式特征

尺度与比例

尺寸是一个造型在长、宽、高 3 个向度上的大小。这是形状特征的基本方面。而比例是与建筑各部分的尺寸、建筑物整体尺寸密切相关的一个概念，很多时候还与"尺度"一词配合使用[4]294。比例和尺度都已经包含尺寸的比较和关系。

"比例是关于形式或空间中的各种尺寸之间有一套秩序化的数学关系，而尺度则是指我们如何观察和判断一个物体与其他物体相比而言的大小。[4]329"两者都是尺寸形成的关系。

形状

词典解释中最接近建筑学含意的解释是"指物体或图形的形态、状貌"。在形式研究著作中，也有多种对于形状的解释。例如：

"形状是指一个面的典型轮廓线或是一个体的表面轮廓。它是我们认知、识别以及为特殊轮廓或形式分类的基本手段……我们对形状的感知取决于形式与其背景之间视觉对比的程度。[4]36"

"形状，是被眼睛把握到的物体的基本特征之一，它涉及的是除了物体之空间的位置和方向等性质之外的外表形象。换言之，形状不涉及物体处于什么地方，也不涉及对象是侧立还是倒立，而主要设计物体的边界线。[6]56"

"形状是指二维平面的轮廓边缘以内，或三维物体的外部边界所包围的区域。在自然光下观察一个立体物体，会发现它是一个有体积的块面；当同一个物体在日落的光照下形成一个剪影时，它或许会被看成是一个平面形状。闭合的线条、变化的色彩能将形状或块面与周围的环境区分开，使我们得以识别。[5]44"

在多种关于形状的解释中，轮廓线、边界线都作为形状的主要方面。

另外，形状自身与所处环境背景之间的对比度也决定了形状的可识别程度，这为格式塔心理学所谓的"图底关系"作了铺垫。

■ 形式要素：点—线—面—体

"所有的绘画形式，都是由处于运动状态的点开始的……点的运动形成了线，得到第一个维度。如果线移动，则形成面，我们便得到了一个二维的要素。在从面向空间的运动中，面面相叠形成体……总之，是运动的活力，把点变成线，把线变成面，把面变成了空间的维度。"

——保罗·克利，《思考的眼睛：保罗·克利笔记》

点，《辞海》的解释是：细小的痕迹。在几何学上，点只有位置，一个点是一个零维度对象，点作为最简单的几何概念，通常是几何、物理、矢量图形和其他领域中最基本的组成部分。点成线，线成面。在通常的意义下，点被看作零维对象，线被看作一维对象，面被看作二维对象。点动成线，线动成面。

如何表现建筑中的点、线、面、体，以及如何展现它们的关系（两两关系或关系序列），是形式要素表现的重要方面，也是可能出现差异化的重要方面。

另外，点—线—面—体，作为一系列抽象的几何概念出现之后，需要落实在画布上或是三维空间中，点、线、面、体，需要表现出自身的形状、尺寸、色彩、质感等特性，也就是可识别的特征，从而从一种抽象的概念转变为具体的形式。

■　形式组织

"一座好房子是一件完整的事物，也是许多内容的集合，造一座好房子需要一种观念的飞跃，即从单独构件到整体形象的飞跃。这些选择……体现了组装各个部件的方式……一座房子的基本部件可以被组织在一起，而其结果却不仅是基本部件的组合：它们还能形成空间、模式以及外部领地。[4]183"

———查尔斯·摩尔，杰拉德·艾伦，唐林·林登，《房屋的场所》，1974年

从名词用法上说，组织是指由诸多要素按照一定方式相互联系起来的系统。动词的用法，就是将诸多要素有目的地系统集合起来。

在建筑学中，从单独构件到房屋整体，从单元体到复合整体，从建筑局部到整体，都存在形状、空间的各种要素组织的问题，统称为形式组织。

形式组织在以往的艺术形式研究和建筑形式研究中有多种讨论方式，有的偏于具体的组织手法，比如：轴线、序列、对称、比例、重复与节奏、对比与统一、主体和次要、虚与实、位置关系组织、拓扑关系组织（包含、穿插、咬合、相邻等）；有的偏于抽象的美学原理，比如和谐、平衡、韵律、秩序。

■　形式效果与美学样式

美学家李泽厚认为，"美"有多层含义，"第一层含义是审美对象，第二层含义是审美性质，第三层含义则是美的本质、美的根源。[14]"

美经常等同于一切肯定性的审美对象，凡是能够使人得到审美愉快的欣赏对象都叫"美"。"美总具有一定的感性形式，从而与人们审美感受相联系[9]270"。审美性质说

的是审美对象之所以能够存在的客观条件和原因，也就是所谓形式美的规律（比例、对称、和谐、秩序、多样统一、黄金分割等）赋予审美对象的性质。而美的本质则是一种哲学探讨。对于此，李泽厚说道："内在自然的人化，是关于美感的总观点。[14]315"

本书研究框架中，对于形式效果的追求，以及由此产生的美学样式更多位于感性层面，也就是李泽厚所说的感性形式、审美感受、审美对象。而上述要素类型、特征和组织则接近于李泽厚所说的审美性质和形式美的规律，位于客观条件层面。形式效果、美学样式，与要素类型、特征和组织有所区别，但也联系密切。作为贴近实践和案例的研究，本书没有涉及形式美学的哲学探讨。

另外，李泽厚将人的审美能力区分为三种状态（形态），分别是"悦耳悦目"、"悦心悦意"、"悦志悦神"。[14]342

悦耳悦目指的是人的耳目感到快乐，也包含想象、理解、情感等多种功能的动力综合。悦心悦意指的是通过耳目，愉悦走向内在心灵，领悟到那日常生活的无限的、内在的内容，从而提高我们的心意境界。悦志悦神是在道德的基础上达到某种超道德的人生感性境界，是最高等级的审美能力。

对照于此，本书所讨论的形式效果和美学样式当属第一种审美形态，是一种基础性的，基于感官感受的"想象、理解、情感等多种功能的动力综合"。本书没有涉及更为复杂的形式或建筑的"境界"，也没有涉及"超道德的人生感悟"。

例如，本书第 4 章讨论了建筑形式的动感，这源于一些艺术和认知心理学研究中关注的"运动"。在静止的建筑形式中，运动主要表现为一种动感，而非真正的运动状态。动感，可称为一种形式效果的追求，一种基于视觉感受的想象和理解。女建筑师扎哈·哈迪德在其著作和演讲中多次提及自己对于动感和连续性的钟爱，这种对于形式效果和美学感受的感性追求，显然极大程度地影响了她的设计方向，接下来，她选择流线型曲面，将场地、建筑和室内都组织到连续动感的样式之中，也是可以理解的了。反之，将形式要素的类型、特征和组织进行变化，也可能产生出差异化的形式效果和新的美学样式。

另外，通透、轻盈等形容词也常常用来描述形式的效果。形式效果和相应的美学样式也是本书研究框架的一部分。

2 差异｜要素与特征

▲当代建筑中尺度与比例的差异化出现，
在将总体尺寸中一个向度或两个向度进行
夸张的拉伸或压缩。突破原有比例的法则，
引出新的形式。

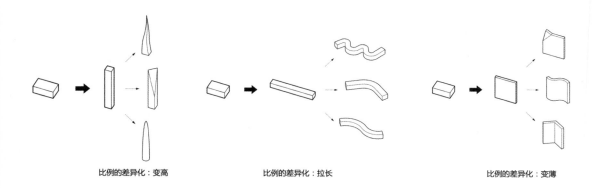

比例的差异化：变高　　　　　　　比例的差异化：拉长　　　　　　　比例的差异化：变薄

图 2.1.1　体块比例差异化可能性分析

本章讨论当代建筑在形式要素与特征层面产生的重要变化。点、线、面、体是形式要素的基本类别，而尺度与比例、形状、质感、颜色等作为形式要素的特征，可以用来进一步描述点、线、面、体。其中，建筑物的总体尺寸与相关的基本比例发生变化是当代建筑一个值得关注的现象。而形状被多学科的研究者认为是基本的要素特征，也是当代建筑形式差异化的重要方面，也是本书重点关注的方面。质感与颜色本书中未作讨论。

2.1　尺度与比例

比例问题在建筑设计中广泛存在。材料在使用上存在比例问题，比如，一个木构件或石材构件，不能为了跨越更大的跨度而随意加长；结构有比例问题，比如，承重墙体的高度和厚度比例、屋面板的厚度和平面尺寸的比例等；在建筑外观形式上，建筑物整体的尺寸以及立面各部分的尺寸关系也存在一定比例，以体现一种视觉秩序。

西方传统建筑中的柱式、中国的营造法式都记载了建筑构件的尺寸与比例。黄金分割、柯布西耶的模度尺、人体比例和人体工程学、建筑模数协调、轴线网格中开间与进深的关系等比例观念深刻地影响了建筑设计。

在所有的比例关系之中，总体的三维尺寸的关系将形成该建筑最为基本的比例。不论建筑形状如何，建筑体块自身的三维尺寸是其重要的特征。此时，可以忽略建筑轮廓形状，取能够刚好将造型包含在内的外包长方体的三维尺寸，作为该造型的基础几何尺寸。

古典建筑形式追求比例和谐，应用诸如黄金分割等数学关系。而当代建筑中尺度与比例的差异化出现，在将总体尺寸中一个向度或两个向度进行夸张的拉伸或压缩。突破原有比例的法则，引出新的形式。这方面的变化带来强烈的视觉冲击力。

例如，超高层建筑带来的视觉冲击力主要来自高度，同时也来自于细高的比例。这种单向度的夸张后来在水平方向也得到了响应，引出了很多新颖的建筑形式。例如，除了将建筑整体尺寸中的高度变得极高，还可以将厚度变得很薄，体块长度刻意拉长。比例差异化对于建筑形式的影响巨大而直接，甚至进一步影响到功能和结构。比如在超高层建筑中，功能垂直分布，几乎形成一座垂直城市，结构形式、材料和建筑设备都必须采用全新的技术。

基于总体比例的首要性，本节主要关注当代建筑在总体尺寸比例上的差异化，对于更为深入细致的部分、局部和细部比例未深入探讨。

长、高、宽是基础几何尺寸的三个向度。可进一步分为长／短、高／矮、厚／薄6个特征。长、高、薄相对于短、矮、厚在建筑造型中出现频次较低，具有较高的差异性。

"长"案例分析

德国柏林蛇形住宅大楼（CK Bundesschlange）以其长度和蛇形造型具有显著的特点。

罗马 MAXXI 21 世纪当代艺术博物馆的多条瘦长的体块在空间中编织交错。在体块长度、位置关系和动态上具有差异性，部分体块底部架空或是镂空。

▲德国柏林蛇形住宅大楼以其长度和蛇形造型具有显著的特点。
罗马 MAXXI 21 世纪当代艺术博物馆的多条瘦长的体块在空间中编织交错。在体块长度、位置关系和动态上具有差异性，部分体块底部架空或是镂空。

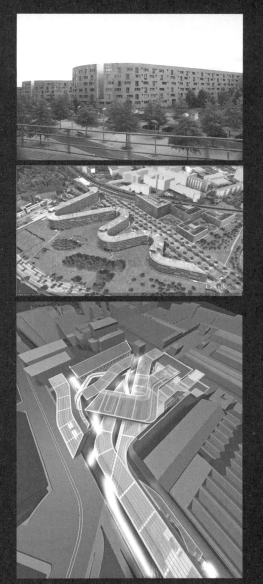

图 2.1.2　德国柏林蛇形住宅大楼（上）
图 2.1.3　德国柏林蛇形住宅大楼俯瞰（中）
图 2.1.4　罗马 MAXXI 21 世纪当代艺术博物馆模型（下）

图 2.1.5　罗马 MAXXI 21 世纪当代艺术博物馆（上）
图 2.1.6　罗马 MAXXI 21 世纪当代艺术博物馆（下）

"高" 案例分析

美国芝加哥西尔斯大厦（Sears Tower），1974 年建成，由 SOM 设计，108 层，高 442 米，比纽约世界贸易中心还要高出近 32 米，是芝加哥的标志高度。2009 年，该建筑改称威利斯大厦（Willis Tower）。在九宫格平面基础上，西尔斯大厦以束筒结构在当时获得了世界第一高楼的称号。高度是其第一特征，其次才是主体块分化为 9 个长方体分体块呈九宫格紧邻排列。

以夸张的高度，瘦高纤细的比例凸显某种政治和经济的至尊地位，古往今来都是一个重要的现象。当代结构技术、材料和施工技术的大发展，成为这种野心实现的基础。当代全球超高层建筑在各地拔地而起，竞争第一高度的殊荣。

迪拜哈利法塔，这座 800 多米高的目前世界第一高楼即使不具有其他特征，仅凭高度就可以满足其标志性需求。而逐步向上收分变细的造型本身仅仅是此类超高层建筑束筒结构的直接反映，结构上与芝加哥西尔斯大厦并无太大区别。

在高度确定的情况下，塔楼的粗细，即长细比，成为重要的考虑。

塔楼高度和塔身比例（长细比）是第一印象中的重要部分，确定之后，形式的其他方面才能渐次展开。

表 2.1.1 列举了部分世界著名塔楼的高度和长细比，通过计算研究，其长细比可分为 4 个类型：
1）长细比小于 2，趋于短粗，失去塔楼高耸特征；
2）长细比 2 ～ 6，多数塔楼长细比范围；
3）长细比 6 ～ 8，趋于瘦高；
4）长细比大于 8，趋于纤细。

通过比较，可以看出细而高的塔楼是被大多数建筑师追捧的造型。其中长细比为 6 是一个关键的分界点。确定塔楼高度和长细比，其基本尺寸特征就确定了。例如，上海环球金融中心底部正方形平面的边长约为 58 米，以其对角线长度 81 米计算，长细比约为 6.1。属于较修长挺拔的体型。

▲芝加哥西尔斯大厦以束筒结构在当时获得了世界第一高楼的称号。高度是其第一特征。迪拜哈利法塔，这座800多米高的目前世界第一高楼即使不具有其他特征，仅凭高度就可以满足其标志性需求。

图 2.1.7　芝加哥西尔斯大厦（左）
图 2.1.8　迪拜哈利法塔（右）

表 2.1.1　部分世界著名塔楼长细比　表格来源：作者自绘

塔楼名称	主体高度（米）	最大处对角线、直径或较长边长度（米）	造型长细比	备注
上海环球金融中心	492	81	6.1	
上海金茂大厦	420.5	70	6	
英国伦敦小黄瓜（瑞士再保险总部大楼）	180	57	3.2	
迪拜塔（哈利法塔）	828	100	8.3	目前世界第一高塔
美国芝加哥西尔斯大厦	442.3	96.6	4.6	2009 年改称威利斯大厦
中国香港国际金融中心二期	415	70	5.9	
北京国贸三期	330	78	4.2	
纽约世贸中心双子塔	417	89	4.7	毁于"9·11"袭击
美国纽约洛克菲勒中心奇异电器大楼	259	100	7.4	以平面长边计算长细比为 2.6
美国纽约西格拉姆大厦	158	53	3	
爱尔兰都柏林针尖（标志性构筑物）	121.2	3	40.4	针尖直径 15 厘米

　　另外，塔楼顶部体量的增减也可视为比例的局部调整。

　　与多数塔楼顶部收尖一样，上海环球金融中心顶部缩小，采用长斜面沿竖向切除长方体部分体积的手法进行顶部收分，与此类似的案例包括西班牙马德里的水晶大厦和新加坡马来亚银行大厦，这种通过对角线切割减法造成的收分并不常见，具有一定的差异性。上海环球金融中心在收分至顶部时切出一个贯穿的洞口，水晶大厦和马来亚银行大厦顶部均无贯穿洞口。顶部贯穿的洞口为塔楼造型带来了虚实组织和拓扑类型的变化，这将在下一章中进一步讨论。

　　本书案例库中的独立塔楼，顶部多为缩小或保持不变，顶部增大者为极少数，这一点从结构设计角度易于理解。顶部收分方式分为两种：1）折线退台式；2）连续收分式（直线与曲线均可）。从收分开始的部位来看，也分为两种：1）接近顶部才开始收分；2）中下部开始收分。

　　巴塞罗那阿格巴塔从圆柱体块的中上部开始收分，形成如导弹一般的形体。

　　有小黄瓜之称的原瑞士再保险总部大楼（后被出售更名），下部略缩小，中部略放大，顶部再收分缩小。这种中部变大，上下两头缩小的体型在高层建筑中很罕见，虽然该楼高度 180 米在世界范围内不算高，但其特殊的收分方式使得该建筑具有较高的差异性。建筑师福斯特（Norman Foster）还解释了这种体型对于气流运动、通风和避免高楼风所具有的优点。

细而高的塔楼是被大多数建筑师追捧的造型。其中长细比为6是一个关键的分界点。上海环球金融中心采用长斜面沿竖向切除长方体部分体积的手法进行顶部收分，顶部贯穿的洞口为塔楼造型带来了虚实组织和拓扑类型的变化。同样，水晶大厦和马来亚银行大厦也采用了切面收分。

图 2.1.9　上海环球金融中心与金茂大厦（左）
图 2.1.10　西班牙马德里的水晶大厦（中）
图 2.1.11　新加坡马来亚银行大厦（右）

◢巴塞罗那阿格巴塔从圆柱体块的中上部开始收分，形如导弹。瑞士再保险总部大楼下部略小，中部略放大，顶部再收分缩小，这种体型在高层建筑中很罕见。

图 2.1.12　巴塞罗那阿格巴塔（左）
图 2.1.13　伦敦"小黄瓜"（原瑞士再保险总部大楼）（右）

▲极少数高层建筑在顶部加大、悬挑，此类案例因为挑战了结构逻辑，而常常显得特立独行。

▲厚度很薄的建筑非常罕见，在大楼厚度这个向度上制造差异化——一栋看起来很薄的高楼。

图 2.1.14　巴塞罗那 Hotel ME（左）
图 2.1.15　米兰 Velasca 大厦（右）

图 2.1.16　迪拜复兴大厦方案效果图和分析图

　　除了向上收分的形态之外，还有极少数高层建筑在顶部加大、悬挑。位于巴塞罗那的 ME 酒店（Hotel ME）用两个在平面和立面上错开布置的体块，造成了下小—中大—上小的格局，被拔高的体块下部悬空，在运用架空虚形的同时，产生向上升举的动感。

　　此类案例因为挑战了结构逻辑，而常常显得特立独行，与在上部收分处理的案例显著区别开来，但有时这种差异性并没有带来美感。位于米兰的 Velasca 大厦是这方面的实例，建于 1954 年，是意大利第一代现代高层建筑，高度约 100 米，其顶部如同蘑菇一样放大，凸现于米兰的天际线。虽然该案例可视为高层建筑的探索，但从形式效果看来，显得较为粗笨、难看。

"薄"案例分析

　　厚度很薄的建筑非常罕见。OMA 事务所设计的迪拜复兴大厦方案在一群造型各异的超高层建筑中，反其道而行之，采用了简单的长方体轮廓形状，但在大楼厚度这个向度上制造差异化——一栋看起来很薄的高楼。方案的阐释过程中，OMA 设计团队为了这一点易于为人接受，将薄楼概念与原有的低层建筑街区相联系——一个街区从地面翻起至垂直的薄片大楼。

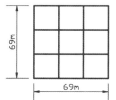

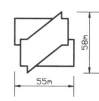

图 2.1.17 芝加哥西尔斯大厦（左）
图 2.1.18 维也纳 Uniqua Tower（中）
图 2.1.19 墨尔本南岸发现大厦 (Eureka Tower)（右）
图 2.1.20 三个高层建筑平面形状组合（左起：
西尔斯大厦，Uniqua Tower，南岸发现大厦）（下）

　　该方案最终未能中标。与邻近造型各异的高层建筑相比，仅在总体比例上变化看起来还不够，需要其他特征和组织方式的配合。

"长、高、薄"之外

　　将长、高、薄推向极端，几乎不需要其他特征和组织方式的配合，也可以制造极大的差异化效果，但这样的应用案例极为稀少，并不适用于大多数情况，而且追求极端的建筑在许多方面都受到质疑。任何一个造型尽管可能在某些维度上格外突出，但始终是所有维度的综合体。将某一向度的尺寸和比例进行变化之后，其他问题的解决和其他特征、组织方式的匹配成为建筑设计过程的重要关注点。仍旧以塔楼为例，如果没有条件在高度和长细比上做文章,则需要在其他方面展现更多的特殊性和差异性,才能凸显高层建筑的特色。奥地利维也纳 Uniqua Tower 高度 75 米,塔楼平面主要由一个椭圆和一个三角形组成。椭圆长轴约 51 米,组合图形短边约 38 米,根据长轴计算长细比为 1.5,根据短边计算长细比约为 2。从高度和长细比而言均无法产生特点和差异性,在平面形状上进行一定的特殊组合就变得必要。

　　部分高度上很突出的建筑,也会在平面上进行不同形状的组合。芝加哥西尔斯大厦平面是相似形簇状组合。9 个约 23 米见方的体块簇状排列,为九宫格布局,升至不同高度。

　　墨尔本南岸发现大厦(Eureka Tower)高度为 300 米,地上 90 层。塔楼由三个分体块构成,居中的分体块平面接近菱形,在对角方向组合了两个矩形,形成较为复杂、独特的平面组合,这在 300 米高楼中较为罕见。

　　本书研究的 406 余个地标建筑案例中,有 116 个独立塔楼,其中 24 个塔楼由多个体块组合而成,92 个塔楼主体仅由一个体块作为造型基础。前者主要分为两个类型:1)两个不同形状的体块进行组合(平面组合居多,垂直组合较少;两体块分量相当的居多,一主一次的较少);2)三个以上相似体块(杆状或片状体块)簇状组合。

　　以上案例分析可以看出,在尺寸和比例上变化之后,还需要其他特征和组织方式的配合,才能形成完整的建筑造型。例如,选择超高塔楼作为造型主体,随后的几个主要设计问题是:

　　1)一栋塔楼还是多栋?如果是多栋,其位置关系如何?
　　2)确定塔楼主体的高度和长细比。
　　3)单栋塔楼是一个主要体块还是两个或更多体块的组合体?
　　4)塔楼顶部缩小、加大还是不变?
　　5)如何处理底部裙房?
　　6)塔楼造型是否包含曲面?
　　7)是否次分表面,塑造表皮质感与触感?
　　8)除了塔楼本身的向上动势,是否还增加其他动势?

　　这些设计决定分别在以下组织方式和特征选择上展开:数量、位置关系、拓扑关系、几何尺寸和比例、轮廓形状、质感与表面次分形态、动静感(形式效果)。这些方面如果选择不同的特征和组织方式,则产生不同的形式组合结果。

2.2 形状

2.2.1 非基本几何形、自由形

几何学对于建筑设计而言，至关重要。绝大多数建筑形式要素或是形状都与几何学有着密切联系，形式组织中的位置关系、网格、对称性等也与几何学密不可分。可以说，几何学是建筑形式的最重要源泉之一。

回首20世纪早期现代主义建筑运动，我们已经看到了两种几何形式的交锋：水平与垂直的直线意味着理性、效率、功能；而曲线、曲面传达了感觉与表现性。

直线／曲线、平面／曲面、基本几何体／自由曲面体形成了线、面、体形状特征的不同倾向。直线、平面、基本几何体被视为更基本的常用要素，而曲线、曲面、复杂几何体和自由曲面体则是少数派，其使用范围受到某种限制，一定程度上，被边缘化。

在当代建筑中，一方面，基本几何形仍然具有重要价值，在许多案例中基本几何形的体块被强化。另一方面，大量非基本几何形乃至自由形纷纷出现，建筑形式中的形状特征变得异彩纷呈。

基本几何形在当代的一些新变化：
在讨论非基本几何形和自由形之前，简略叙述基本几何形在当代的一些新变化：
1) 使用基本几何形体，但运用新结构和新的表皮材料；
2) 在基本几何形体基础上使用加减法进一步造型；
3) 改变基本几何形的方向和与地面的位置关系。

卢浮宫扩建入口玻璃金字塔的正四棱锥造型是基本几何形，除了增加入口雨棚，形体不作其他处理，尽量保持纯粹、简洁的几何体感觉，只是在表面质感上处理为透明状态。跟复杂几何形相比，正四棱锥形体较为普通，但跟周围古典建筑相比，已有很大差异。

同样是贝聿铭设计的华盛顿美术馆东馆位于一个梯形地块上，以对角线方向将梯形分为两个三角形平面的主体块。三棱柱是基本几何体，在此基础上通过减法操作，在三棱柱顶部和底部入口部分切除部分体积，切除的部分仍然是三棱柱或梯形棱柱。留下的虚形与实体形成一虚一实的对比效果。

　　埃及亚历山大图书馆 2002 年落成，位于亚历山大市最繁华的海滨大道。设计团队为斯诺赫塔（Snhetta）建筑事务所——当时一个默默无闻的小事务所。

　　图书馆主体在圆柱体基础上切割而成，并且倾斜放置。产生一定的动感。朝向大海的倾斜屋顶作了细分表面处理，形成天窗。其他几个体块同样基于基本几何形，如球体、四棱锥等直棱体。

▲基本几何形在当代的一些新变化：
1）使用基本几何形体，但运用新结构和新的表皮材料；　2）在基本几何形体基础上使用加减法进一步造型；　3）改变基本几何形的方向和与地面的位置关系。

图 2.2.1.2　华盛顿美术馆东馆

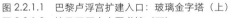

图 2.2.1.1　巴黎卢浮宫扩建入口：玻璃金字塔（上）
图 2.2.1.3　埃及亚历山大图书馆（下）

▲当代建筑中，多面体的应用大体在以下 3 方面展开：
（1）运用更多侧面数的凸多面体，直至测地线穹窿；
（2）运用经过变形的不规则的凸多面体和局部凹陷的不规则多面体；
（3）运用各种折叠造型、折板结构，展现众多曲折表面。

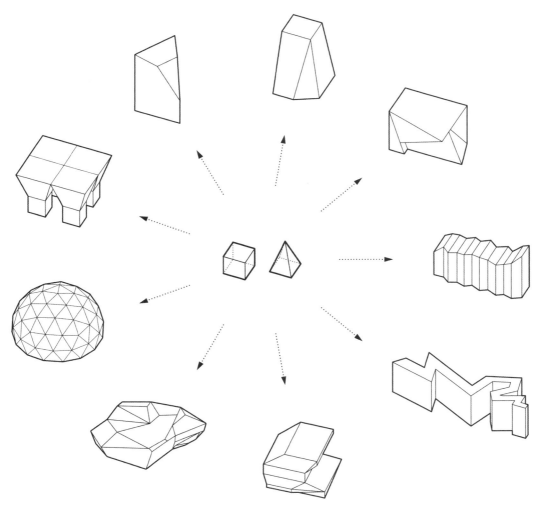

图 2.2.1.4　形状差异化可能性分析：多面体的应用

基本几何形变为非基本几何形与自由形：

在另外一些当代建筑中，开始运用非基本几何形，乃至自由形。

这些变化主要来自以下几方面的影响：

● 建筑师不断发掘几何学中不常运用、但新颖有趣的几何形态，其中多面体、特殊曲面体和高次曲面作为复杂几何形被引入建筑造型。

● 几何学自身不断发展出不同的分支，将原本难以研究的形态与几何问题纳入到几何学和数学理论的视野中，新的几何学分支给建筑师提供了新的形式可能性。例如：分形几何学、拓扑几何学对于建筑造型的影响日渐显露。

● 几何学与物理学、结构力学的结合，将重力和张力的形态显现出来。悬链线、极小曲面的研究促使结构形态更为高效、更为自然、更为优雅。

● 一些难以用几何学和数学描述的自由形在建筑中被运用。

1）多面体对于建筑造型的影响

正方体、长方体（直角棱柱体），圆柱体、球体作为最基本的几何形体，在古典建筑和现代建筑中几乎占有统治地位。方圆组合的母题在建筑设计中被不厌其烦地运用了上千年，至今生命力不减。另一方面，埃及金字塔、各种古代防御工事的多边形平面又标识出另一条多面体之路。三角形、三棱锥是这个多面体道路的一个极端，另一方向上，是趋向于圆形的凸多边形和趋向于球面的多面体穹窿（测地线穹窿）。

多面体是由顶点、棱和侧面组成。直棱多面体的基本单元就是由 4 个三角形组成的三棱锥，此时，直棱多面体的侧面数最少。"五面体中有四棱锥和三棱柱两种，在六面体中除了五棱锥和四棱柱以外，仅棱锥与棱柱的中间图形就有 7 种。另外，七面体中有 34 种，八面体中有 257 种，九面体中有 2606 种，十面体中有 32300 种。[15]"实际上，前述正方体和长方体属于六面体，在这个意义上，多面体几乎统一了所有的平直表面的形体（直棱体）。

当代建筑中，多面体的应用大体在以下 3 方面展开：
（1）运用更多侧面数的凸多面体，直至测地线穹窿；
（2）运用经过变形的不规则的凸多面体和局部凹陷的不规则多面体；
（3）运用各种折叠造型、折板结构，展现众多曲折表面。

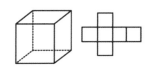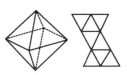

正四面体　　　　　　　正六面体　　　　　　　正八面体

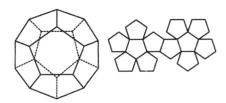

正十二面体　　　　　　　　　　　正二十面体

图 2.2.1.5a　凸多面体及展开图

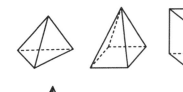

图 2.2.1.5b　凸多面体中的四面体、五面体、六面体，顶点数不同

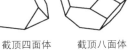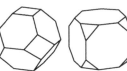　　　　

截顶四面体　　截顶八面体　　截顶立方体　　　三角形二十四面体　三角形四十八面体　三角形六十面体

截顶十二面体　截顶二十面体　截半十二面体　　　四边形二十四面体　菱形三十面体　小斜方三十二面体

立方八面体　菱形立方八面体　截顶立方八面体

图 2.2.1.6　部分多面体示意图

● 凸多面体与测地线穹窿

1995 年落成的东京国际展馆，主体建筑由 4 个倒置的正四棱锥组合而成。也可以看作是一个倒置的大四棱锥切去尖部体积，剩余 4 角架空。4 个小四棱锥与倒置大四棱锥之间有自相似性，这一点已经具备分形几何学的一些特点。切去部分形体之后留下负形可视作一种虚实组织。而造型中最引人注目的是由三角形构成的多个侧面。

生物圈 2 号项目中的穹窿是一种被划分为小三角形的平行格状多面体，在面数众多的情况下，整体趋向于半球形。与此类似的是，美国发明家、建筑师巴克明斯特·富勒研究了由极小三角形组成的测地线穹窿，以尽可能少的结构材料覆盖最大体积的空间。但达到面数的极端之后，多面体的意象被球体代替。

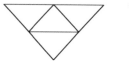

图 2.2.1.7   东京国际展馆（上）
图 2.2.1.8   东京国际展馆立面分析（下）

图 2.2.1.9   生物圈 2 号项目中的一个多面体穹窿

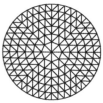
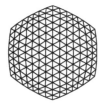
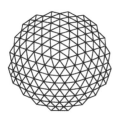

图 2.2.1.10   被分割成三角形的各种穹窿（从左至右分别为带斜杆多边形穹窿、格状穹窿、平行格状穹窿、六边形穹窿、测地线穹窿，根据 [15]56 插图 3 重绘）

● 不规则的凸多面体和局部凹陷的不规则多面体

　　Prada 东京旗舰店的单一体块是特殊几何体中的不规则直棱多面体。表面以斜角菱形网格细分表面。由于通体运用了玻璃嵌入菱形网格，整个建筑看起来晶莹剔透。不规则直棱多面体从一个方向来看，较接近长方体，与街区形态和周边的常规建筑有呼应相似之处，从另一个角度，则由于多个侧面的转折而显示出类似晶体的视觉感受。斜交的菱形网格给形体表面带来动感，也为这个时尚用品旗舰店带来潜在的网纹丝袜的联想和一丝性感意味。

　　图 2.2.1.13 中的山顶教堂，是一个带有局部凹陷的不规则多面体。其中少量的侧面整体变为洞口。三角形与梯形混凝土板片拼合封闭出一个多面体体块，将混凝土材料的结构表现力发挥了出来。教堂体量虽然很小，但由于奇特的内凹折面，产生了引人注目的效果。

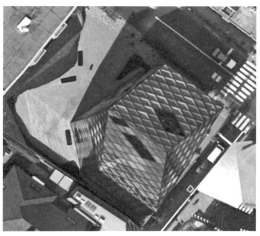

图 2.2.1.11　Prada 东京旗舰店航拍（左）
图 2.2.1.12　Prada 东京旗舰店（右）

图 2.2.1.13　不规则凹多面体，山顶教堂

在更大规模的建筑中，不规则多面体造型也出现了。哈迪德设计的广州歌剧院，主体分为彼此呼应的两部分，都采用了经过变形的不规则多面体。在此基础上，增加转折部分的倒圆角处理，使得体块获得较为圆润、连续的表面，为坚硬的多面体增加了些许柔和。

多面体建筑似乎也受到自然界晶体形态，乃至晶体几何学的影响，晶体的多面造型折射出熠熠生辉的光芒，给人以无尽的想象。一些不含杂质的纯净晶体具有对称规整的形状，而混杂了杂质的晶体则有可能带来变形。另外，环境也会影响结晶过程。对于建筑师而言，变形的晶体倒是能带来变化和动感，具有更广泛的适应性。

多面体给形体设计和立面设计带来了新的观念。建筑师必须借助诸如模型和计算机这样的三维设计工具全方位地进行外观设计，仅仅依靠传统的二维平面图、立面图和剖面图，几乎已无法推敲建筑形式。在这个意义上，对于新形式的追求与设计工具的发展密切相关，相互推动。几何之美的变化必须借力于几何工具的进化。

◢晶体的多面造型折射出熠熠生辉的光芒，给人以无尽的想象。一些不含杂质的纯净晶体具有对称规整的形状，而混杂了杂质的晶体则有可能带来变形。

图 2.2.1.14　广州歌剧院效果图（左）
图 2.2.1.15　双晶方解石（右）[16]262

● 各种折叠造型、折板造型

1998 年落成的柏林犹太人博物馆，在建成之时就成为惊世骇俗的作品。其主要体块的形状为多次转折的不规则长折线形。根据设计者的解释，不同的折线指向柏林市内与犹太人相关的一些著名地点。这个形状严格来说不属于通常的多面体，但是刻意形成的曲折表面也已经完全打破了传统建筑和常规现代建筑中的"立面"概念。人们不再关注某一个单独折面的比例、洞口因素，建筑师也贯通整个形体，切割形成狭长而特殊的"缝隙窗带"，而不再拘泥于单独折面的开窗处理。

柏林犹太人博物馆，刻意形成的曲折表面已经完全打破了传统建筑和常规现代建筑中的"立面"概念。

纯粹的折板结构常用于大跨度的空间和工业建筑，近年来，出现了将折板结构变形，应用在中小民用建筑的倾向。

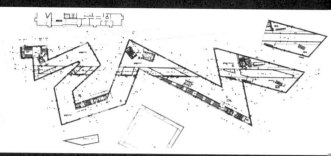

图 2.2.1.16　柏林犹太人博物馆（左）
图 2.2.1.20　柏林犹太人博物馆平面图（右）

图 2.2.1.17　折板结构建造的小教堂（左上）
图 2.2.1.18　横滨国际港码头（左下）
图 2.2.1.19　横滨国际港码头室内（右）

纯粹的折板结构常用于大跨度的空间和工业建筑，近年来，出现了将折板结构变形，应用在中小民用建筑的倾向。图 2.2.1.17 就是一个由折板结构围合成的小教堂。此时，折板本身不在了为了跨越大跨度的空间，而更多用来形成曲折多变的立面效果。当然，此时结构和空间逻辑仍然是统一的，内与外也仍然是统一的。高耸的尽端是圣坛所在，支持折板造型由低到高进行变化的是趋向圣坛时的心理动力——源自哥特教堂的对于高耸的崇拜。

日本横滨国际港码头是由 FOA 建筑师事务于 1995 年中标设计的。主要部分为两层，首层是停车场和机房，二层是出入境大厅、等候厅、多功能厅等，屋顶是起伏的公园。

建筑的屋面效果奇特，如同在一张纸上通过切口、凹凸、弯折方式形成的一个起伏不平的地形，而主要空间隐身在这一地形之下。建筑的屋面以起伏凹凸转折的态势成为更大范围景观的一部分，如图 2.2.1.18，形成海洋与陆地的对比。在建筑内部，如图 2.2.1.19，折纸的意象更加明显，形式上表现了众多转折表面的细分状态，结构上利用了折板结构跨越大空间的卓越能力，形成了近 60 米跨度的无柱空间，将建筑视觉表现与结构合理性统一了起来。

位于柏林波茨坦广场的 DZ 银行由美国著名建筑师弗兰克·盖里设计。建筑主立面在顶部作了退台处理。一方面可视作基于基本几何形的减法（从城市角度考虑两侧现存建筑高度协调），另一方面也产生了竖向上划分转折面的效果。另外，在水平方向，立面呈现众多起伏折面。窗框和玻璃所在的平面凸出于起伏的折面，强化了凹凸效果。

这栋地块限定条件多的办公楼，造型设计无法像盖里别的著名建筑那样有充分空间施展复杂曲面体块的堆叠，只能在表面次分形态和立面波动效果上做些文章。细分表面的主要效果是增加体块表面的视觉吸引力。

苏丹喀土穆耐里清真寺主穹顶是基于半球形的复杂曲面几何体，清真寺屋顶的表面利用空间网架结构产生了众多三角起伏折面，是结构表现性的设计作品。

通过以上案例，可以看出，对多面体和折板的运用始终围绕着视觉效果和结构需求两个方面进行，有时偏向于视觉表现，有时更多的是出于大跨度结构需求。两者可以看作是当代建筑在艺术和技术方面的不同侧重。

◢波动的表面增加视觉吸引力。对多面体和折板的运用始终围绕着视觉效果和结构需求两个方面进行，有时偏向于视觉表现，有时更多的是出于大跨度结构需求。

图 2.2.1.21　柏林波茨坦广场 DZ 银行（上）
图 2.2.1.22　苏丹喀土穆耐里清真寺（下）

2）曲面体对建筑造型的影响
● 特殊的二次曲面体

　　球面、圆柱面、圆锥面在古典建筑和现代建筑中是较常见的曲面，而其他一些二次曲面，如椭球面、抛物线柱面、双曲线柱面、EP 面（椭圆抛物面）、鼓形、碗形，在建筑造型中则较为罕见，成为当代建筑形式可能的差异点。建筑师虽然不是几何学家，但是求新求变的形式驱动力使一些当代建筑师开始探索新的二次曲面形式。

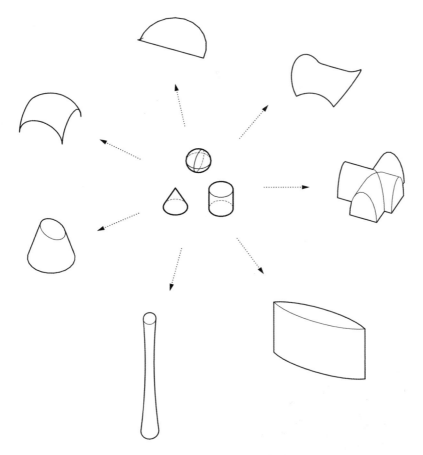

图 2.2.1.23　形状差异化的可能性分析：二次曲面的应用

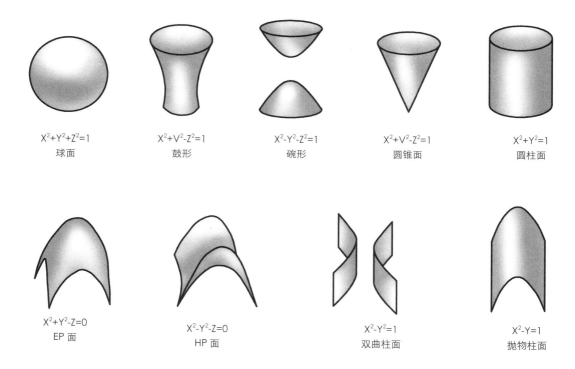

$X^2+Y^2+Z^2=1$
球面

$X^2+V^2-Z^2=1$
鼓形

$X^2-Y^2-Z^2=1$
碗形

$X^2+V^2-Z^2=1$
圆锥面

$X^2+Y^2=1$
圆柱面

$X^2+Y^2-Z=0$
EP 面

$X^2-Y^2-Z=0$
HP 面

$X^2-Y^2=1$
双曲柱面

$X^2-Y=1$
抛物柱面

图 2.2.1.24 有代表性的二次曲面（根据 [15]140 图 2 改绘）

◢球体和椭球体在自然和宇宙中是匀速转动的液体的平衡状态，而且被当作是行星、恒星的模型，自古被赋予了神秘、完美而永恒的色彩。

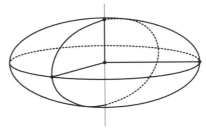

扁球，其旋转轴是椭圆的短轴。椭圆长轴是扁球圆形横截面半径

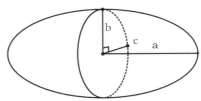

主半径为 a，b，c 的一般椭球

图 2.2.1.25　中国北京国家大剧院（左）
图 2.2.1.26　扁球和椭球示意图（右）

　　北京国家大剧院由主体建筑及南北两侧的水下长廊、地下停车场、人工湖、绿地组成。国家大剧院外部为钢结构壳体，呈半椭球形。椭球壳体外环绕人工湖。

　　半椭球形是双向弯曲的特殊曲面体，属于特殊曲面几何体。而球体可以看作是椭球体的特例。每个椭球体都有三根主轴，两两正交，通过椭球的中心点。一般情况下，主半径 a、b、c 中，a≥b≥c，而当 a=b>c 时，椭球体变为扁球。[46]

　　球体和椭球体在自然和宇宙中是匀速转动的液体的平衡状态，而且被当作是行星、恒星的模型，自古被赋予了神秘、完美而永恒的色彩。在当代，伴随着结构和材料技术的进步，球体或椭球体的建筑尺度可以建造得无比巨大，而此类较单纯的二次曲面体需要以大尺度来突出其震撼性，这是上节中比例和尺度讨论的问题。

法国电力大厦平面呈长梭形，由两个柱面围合出主要体块。在立面上的尖锐角部用圆锥面做减法，切除部分长梭形体积，形成入口。大柱面和较小的圆锥面都是二次曲面。平缓外凸的柱面和在角部内凹的圆锥面形成相互垂直方向上的视觉动力，实与虚、凸与凹、大与小、边与角形成一组对比关系，使得建筑形式不会因为简洁而显得单调。

在高层建筑中，塔楼造型是否包含曲面？这是造型设计的重要方面。通过对地标建筑案例库中大量案例的分析研判，可以发现，在塔楼中应用曲面还可以进一步细分为几个方面：

（1）是否只运用曲面形成塔楼体块？
（2）塔楼是在平面和立面上双向弯曲，抑或是在某个向度上单向弯曲？
（3）双向弯曲时，是同时包含内凹和外凸两种，亦或是只包含一种？
（4）单向弯曲时，是在平面出现还是在立面上出现？

以 492 米高的上海环球金融中心为例，在纤细长方体的基础上，从顶部对角线方向以曲面切割至底层角部，外观形成 6 个面，其中 4 个为原来长方体的平直面，两个为近似倒三角形的曲面。两个曲面只在立面上单向弯曲。两个曲面都是外凸曲面。如果在曲面应用的 4 个方面选择不同的特征组合，则出现不同的造型。

图 2.2.1.27　法国巴黎电力大厦（左）
图 2.2.1.28　上海环球金融中心（中）
图 2.2.1.29　北京中国尊效果图（右）

　　例如，北京未来的第一高楼"中国尊[①]"，四个立面单向略微内凹弯曲，平面上方形倒圆角形成局部曲面。体型上与伦敦小黄瓜相反，底部大—中部缩小—顶部加大。上述3点中，立面内凹长曲面和"大—小—大"的体型在高层建筑中罕见，具有差异性。

　　类似的实例是广州电视塔（小蛮腰）。与中国尊的区别在于平面上是圆形而非倒圆角方形。另外，小蛮腰具有体块构架化的特点，回转双曲面被表现为密集排列的直线构架（即立体几何学中围绕中心旋转轴的素线，与旋转轴是异面直线关系），阴柔中有几分刚硬。中国尊因为平面带有方形元素，略增阳刚之气，是男版小蛮腰，但表皮处理却显得有些阴柔无力。

　　上述案例中，可以看出，在超高层或大跨度建筑中应用较特殊而简洁的曲面体已成为当代建筑的一个重要现象，相对于密斯时代的高层玻璃方盒子，已发生了部分形式变化。

◢小蛮腰具有体块构架化的特点，回转双曲面被表现为密集排列的直线构架。

图 2.2.1.30　北京中国尊表皮处理（左）
图 2.2.1.31　广州电视塔（小蛮腰）（右）

----

① 中国尊，计划建成后将是北京市最高的建筑。该项目位于北京 CBD 核心区内编号为 Z15 地块的正中心，西侧与北京目前最高的建筑——国贸三期对望。建筑总高 528 米，未来将被规划为中信集团总部大楼。

◤ HP 面可以由一系列直线所构成，HP 面壳体的施工可以较为简便。这使得 HP 面在建筑中的应用更为广泛。

图 2.2.1.32　弓张岳瞭望台，钢筋混凝土 HP 壳体（左）
图 2.2.1.33　日本新潟市体育馆（右）

● HP 面与 EP 面

HP 面与 EP 面是特殊的二次曲面，在建筑中有特殊的应用，在此单独讨论。HP 面是 Hyperbolic Paraboloid（双曲抛物面）的缩写。因其在两个适当方向的截交线分别为双曲面和抛物面得名。可以看作是抛物线沿着反凹的（反向的）抛物线平行移动扫过的马鞍形曲面。

EP 面是 Elliptical Paraboloid（椭圆抛物面）的缩写，顾名思义，在两个适当方向上的截交线分别是椭圆和抛物线。EP 面可以看作是抛物面沿着同向的抛物线平行移动扫过的三角翼滑翔机形状的隆起面。

HP 面和 EP 面的不同之处为：HP 面可以由直线排列而成，是直线曲面；而 EP 面是曲线曲面。HP 面不是旋转面，而 EP 面是旋转面。由于 HP 面可以由一系列直线所构成，HP 面壳体的施工可以较为简便。这使得 HP 面在建筑中的应用更为广泛。

钢筋混凝土壳体采用 HP 面，可以获得轻盈的视觉效果，以很少的落地支点，实现很大的空间跨度。图 2.2.1.32 中，瞭望台顶棚的 HP 面仅以球形不锈钢节点支撑于支座上。

在大尺度的体育馆建筑中，HP 面可以充分发挥其结构效率。例如，日本新潟市体育馆采用了一个完整的 HP 面作为屋顶。

　　而在美籍华裔结构工程师林同炎等人设计的波多黎各帕恩斯体育馆案例中，4个支点支撑起平面约为 84m×70m 的组合 HP 壳体（平面为长方形）。

　　4块相同的马鞍形壳体通过内跨梁和边梁组合成一个整体结构，在壳体最低点设置了 4 个支柱，分别位于 4 条边缘的中点。壳体最高点比最低点高出约 12 米。图 2.2.1.35 是该体育场后期在屋顶下方加建之后的情形，加建后破坏了对于屋顶轻盈状态的表达。

　　将多个 HP 面、EP 面或柱面按照一定的方式组合运用，可以形成由单纯曲面形成的复合形态，这实际上是加入了形式组织的因素，在壳体数量、位置关系和对称性上采用不同的组织方式。

　　曲面壳体还可以进一步组合使用。图 2.2.1.37 是一些由二次曲面形状分块组成的组合壳体。

　　哥伦比亚波哥大喇沙大学教堂的主要部分就是由两个抛物线柱面垂直相交而成。抛物线高耸的状态令人联想起哥特教堂的尖拱。

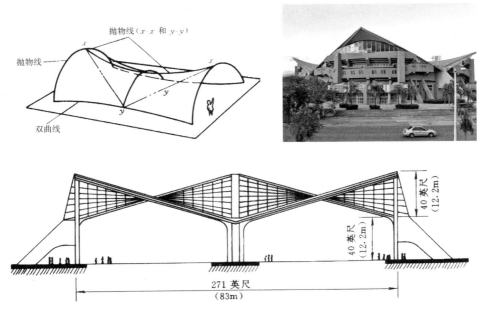

图 2.2.1.34　HP 面示意图（上左）[18]296
图 2.2.1.35　帕恩斯室内体育场（上右）
图 2.2.1.36　帕恩斯室内体育场巨型预应力混凝土 HP 面壳体结构尺寸（下）[18]412

另外，利用混凝土优异的可塑性能，结构工程师费利克斯·坎德拉在 1957 年设计了索奇米尔科餐厅，跨度 30 米的花瓣状壳体厚度仅为令人惊异的 4 厘米。混凝土薄壳结构成为新技术和几何学的赞美诗。

EP、HP 面以及其他较特殊的二次曲面被日益广泛地应用，建筑师在其中发现了柔和多变的曲面之美，而结构工程师则发现了曲面在结构力学方面的优异特性。

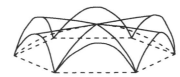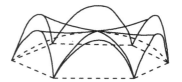

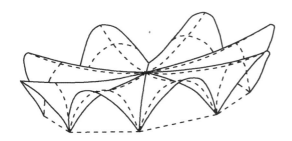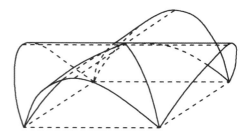

图 2.2.1.37　一些组合的分块壳体（根据 [18]299 图片改绘）（上）
图 2.2.1.38　哥伦比亚波哥大喇沙大学教堂（下左）
图 2.2.1.39　索奇米尔科餐厅（下右）

● **高次曲面体**

二次曲面的平面截交线一般是二次曲线，如圆、椭圆、抛物线、双曲线，特殊位置时呈直线。用三次方程或高次方程描述的高次曲面，是更为复杂的曲面类型，但从形状而言，偶数次曲面就会像鼓起的口袋，而奇数次曲面则像毛毯一样呈展开状态。[45]141

运用这些高次曲面时，仿佛是用一张柔软的曲面表皮包裹上建筑形体，有时，高次曲面给人的印象反而是重复乏味的。建筑师在利用特殊的几何形态时，不应拘泥于数学公式，人的需要和感受始终应该作为根本。

三角函数曲面，也被物理学家们称为平面波，如同波浪般起伏。在用正交坐标系绘图和极坐标系绘图时，三角函数曲面的表现有所不同，前者呈现双向连续的波浪起伏，而后者看起来像是呈放射状分布的锥面。随着数学公式和函数的叠加，曲面造型将变得更为复杂难控，在建筑上的应用逐渐失去意义。

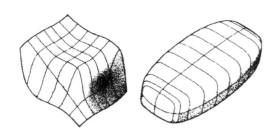

图 2.2.1.40   三次曲面图例（左）[15]141-4
图 2.2.1.41   六次曲面图例（右）[15]141-4

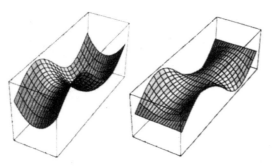

图 2.2.1.42   用正交坐标系绘制的三角函数图例（左下）[15]142-10
图 2.2.1.43   用极坐标系绘制的三角函数图例（右）[15]142-11

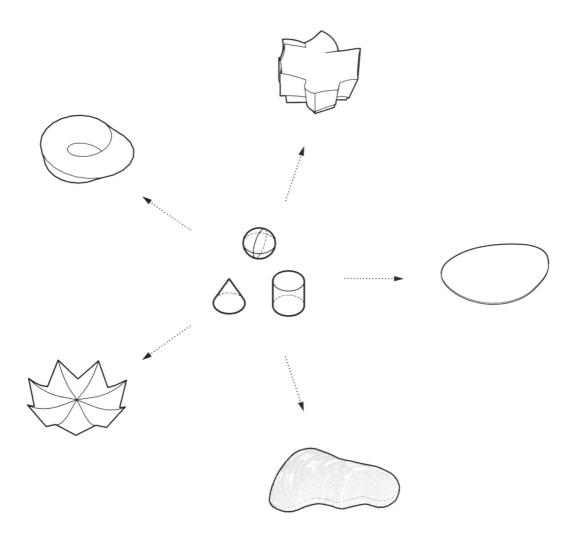

图 2.2.1.44　形状差异化可能性分析：高
次曲面、单侧曲面和特殊曲面的应用

● **单侧曲面**

如果将一个长条纸带扭转180度与另一端对接起来，就可以得到一个莫比乌斯环。此时，从一个表面出发，沿着纸带的一个方向走，就会自然地到达纸带的背面，这种不分内外表里的曲面叫做单侧曲面。几何学中的莫比乌斯环、十字帽、克莱因瓶都是这样的单侧曲面。这种形状在自然界中几乎不会出现。

扭转、盘结的曲面引发了一些当代建筑师的兴趣。日本建筑师远藤秀平设计的公厕和管理室被他称为弹性建筑。这种轻薄板片的形状就是本节讨论的单侧曲面。

荷兰建筑事务所 UN studio 1993 年设计的莫比乌斯住宅，就是以"莫比乌斯环"为原型，在狭长扭转的结构里，住宅的各个功能被布置在一个跨越两层的流线上，形成流动、连续的空间。

几何学中的复杂形状逐渐被建筑师发掘，建筑形式不再局限于基本几何形，而是大踏步跨入非基本几何形和复杂曲面体的领域，得到许多全新的变化。

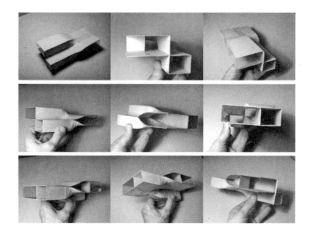

图 2.2.1.45　"弹力建筑"，日本兵库县（左上）
图 2.2.1.46　莫比乌斯住宅外观（左下）
图 2.2.1.47　莫比乌斯住宅分析图（右上）
图 2.2.1.48　莫比乌斯住宅模型推敲过程（右下）

3）分形几何学对于建筑造型的影响

分形几何学（Fractal Geometry）中的"分形"一词源自拉丁文中的"破碎、碎片"。1975年，法国数学家本华·曼德博（Benoit Mandelbrot）对这种以不规则几何形态为研究对象的几何学给出了命名。随后几年，他发表了《分形——形、机遇和维数》以及《自然界中的分形几何学》，为分形几何学作出了奠基性的贡献。分形是一种数学构造，但它们同样可以在自然界中找到。小至雪花、植物种子，大至树木、海岸线，甚至云朵，都具有某种分形的属性，因此分形几何学也被称为是大自然的几何学。

分形的一些基本性质包括[17]：
（1）具有精细的结构，即任意小比例的不规则的细节；
（2）微积分或传统几何学对于分形都不适用；
（3）分形通常具有某种自相似性或自放射性，可能是统计意义上的或近似意义上的。

其中，不同尺度和比例上的自相似性是分形几何学的基本思想。图2.2.1.49和图2.2.1.50列举了一些分形构造。

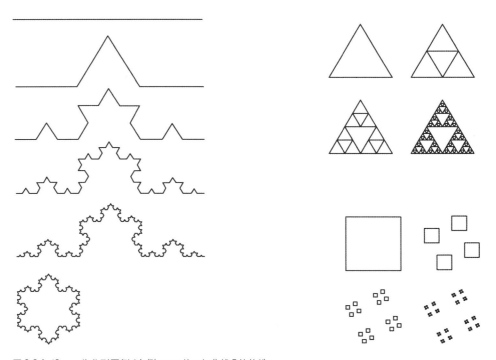

图2.2.1.49　一些分形图例（左侧: von Koch 曲线 F 的构造，
右上：Sierpinski 垫的构造，右下："康托尘"的构造）

由伊东丰雄设计的 TOD's 表参道大楼，其表皮和结构来自一棵树形的平移叠加。树干及其分支具有内在的重力结构和分形结构，与高层塔楼的结构需求，乃至空间光线需求相匹配，因此被伊东移植到建筑设计中。这层由钢筋混凝土制成的结构既形成了表皮划分，也是建筑物的承重结构，重新实现了结构与表皮的统一。此时的外立面结构，既不是连续匀质的墙体，也不是离散的独立框架柱。

分形的自相似性在尺度上连续变化，在立面中予以表现，结构密度和混凝土用量也从下向上递减。

澳大利亚墨尔本联邦广场（Federation Square）由 Lab 建筑工作室设计。2002年 10 月主体工程竣工。该项目包括文化和商业设施，共约 44000 平方米，包括艺术馆、影视中心、写字楼、工作室、画廊以及饭店、咖啡馆和商铺。

主体建筑的结构也基于某种树状分形结构，而复杂的表皮分割则显示出有限种类的形状对于表面的重复分割，两者都显示出受到分形几何学的影响。这些精细而繁复的结构令人眼花缭乱，但是，相同或相似的三角形、梯形赋予结构和表皮一种内在秩序，在视觉表现和施工上都提供了可以把握的规则。

人类的视觉认知机制也始终存在着简化视觉信息结构的倾向。在这个意义上，繁与简、极多主义与极少主义都需要遵循视觉认知的基本原则。

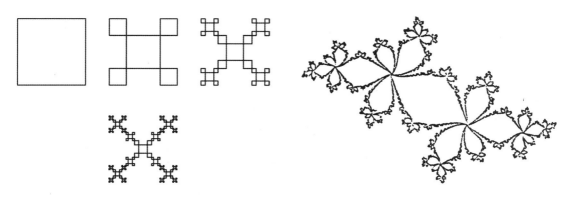

图 2.2.1.50　分形构造图例（左侧：具有两个不同相似比的自相似分型构造，右侧：Julia 集构造）

▲分形的自相似性在尺度上连续变化，在立面中予以表现。分形几何学的理论为把握繁复的形态提供了一个化繁为简的线索。

图 2.2.1.51　TOD's 表参道大楼（TOD's Omotesando Building）（左上）
图 2.2.1.52　墨尔本联邦广场结构局部（右上）
图 2.2.1.53　墨尔本联邦广场外观（中）
图 2.2.1.54　墨尔本联邦广场局部（下）

4）几何学与物理学、结构力学的结合

"凡多余者，皆为上帝和自然所厌恶；凡与上帝和自然所厌恶者，皆与灾祸为伍。"

——但丁·阿利吉耶里（Dante Alighieri）

1744年，法国科学家皮埃尔－路易·莫罗·德·莫佩蒂提出宇宙的总体模式：

自然界总是使作用量减到最小。

"自然界的每一件事情都是以最经济的方式实现的。[16]21"

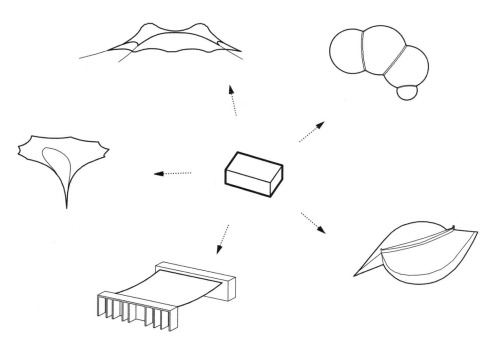

图 2.2.1.55　形状差异化可能性分析：极小曲面的应用

在这一智慧的启蒙之下，建筑设计乃至结构设计中，几何学形式与自然界的物理规律达成了一致。悬链线、极小曲面成为最小能量形式。借用这些形式，仿佛借用了上帝之手，让几何学、物理学和结构力学彼此结合。

● 悬链线

悬链线（Catenary）是一种曲线，顾名思义，两端悬挂起来的绳子在均匀重力作用下垂落，形成悬链线。此时，绳子的长度、两端悬挂点的距离可以人为控制，而曲线的形状则借助自然物理规律浑然天成。

在悬链线中，绳子内部的张力被调整为最小。悬链线在建筑和结构设计中的直接应用就是悬索结构。悬索结构可视为拱结构的反向，所用材料出于受拉状态而非受压状态。选用适合受拉的材料，可以很经济地形成很大的跨度。[18]

迄今为止最大跨度的桥梁就是悬索结构桥梁，跨度超过 2000 米。

丹麦大贝尔特桥于 1998 年建成，桥的主跨距达到 1624 米。支撑桥塔的沉箱设置在水下 3.5 米处，给人以桥塔直接插入海面的感觉。"该桥通过坡度缓变的水下沙堤而不是大量突出的分水桩来避免船只撞击。[19]"

图 2.2.1.57 是典型悬索桥的结构计算示意图。对于悬索结构而言，水平分力 H 与垂度 h 成反比，而与均布荷载及其跨度 L 的二次方成正比。

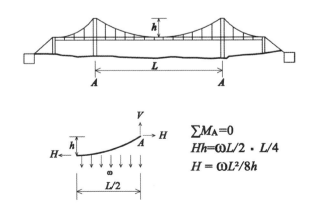

图 2.2.1.56　大贝尔特桥（左）
图 2.2.1.57　典型悬索桥的结构计算示意图（右）

　　建筑师从美学的角度通常不希望垂度 h 太大，微弯的下垂弧线看起来更为轻盈、飘逸。然而这将导致悬索结构中的张力加大，美学和结构相协调的结果是，悬索桥通常的跨度—垂度比取 7 ～ 10。[18]275

　　在建筑中运用悬索结构大多是在大跨度空间中。东京代代木体育馆是日本著名建筑师丹下健三的名作。体育馆由游泳馆和球类馆两部分组成。较大的为游泳馆，设有 16200 余个座位，可兼作柔道、滑冰比赛场地。平面像两个月牙形交错在一起，又像是旋转的星云、涡流。游泳馆长向 240 米，短向 120 米，最高处 40.4 米。

　　从剖面图可以看出，在长向与短向上均采用了悬索结构，长向类似于悬索桥，于中央悬垂的钢桁架空隙中自然形成采光天窗；而短向剖面中，屋面悬索的拉力传递到外侧混凝土拱梁上，通常闭合的混凝土压力环在两端错开伸展，形成月牙形的尖端，打破了此类结构通常的对称状态。

　　如上所述，悬索桥通常的跨度—垂度比为 7 ～ 10。但代代木体育馆（游泳馆）案例中，中央悬垂部分和两侧屋面悬垂部分都比较平缓，长向跨度和垂度比值约为 12，短向屋面半幅跨度和垂度比值约为 20，比悬索桥的跨垂比大了近一倍。但正是这种减少垂度的做法让所有屋顶曲面产生了紧绷有力的效果，在视觉上显示出更为饱满的张力。从结构上说，这也是由于双向悬索相互借力取得稳定的结果。而通常悬索桥只在长向上形成悬索结构，侧向的稳定主要依靠加强桥面自身的刚度，以及减小风阻和风振效应。因此从侧向上，悬索桥在视觉上是较为脆弱松弛的。

　　代代木体育馆采用钢悬索结构和混凝土拱肋，在结构上都是最小能量形式，在材料选择上完全适合受拉与受压的状态。巨大屋面形成了内部无柱的大空间，恢宏壮丽，光线柔和优雅，达到了形式、空间、结构和采光氛围的完美结合。

　　该案例提示出，建筑师需要积极运用合理结构，但也不应该拘泥于结构常规，要从视觉上对建筑形式负责，使其成为更好的美学样式。

◢代代木体育馆（游泳馆）案例中，中央悬垂部分和两侧屋面悬垂部分都比较平缓，正是这种减少垂度的做法让所有屋顶曲面产生了紧绷有力的效果。

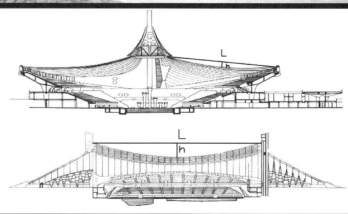

图 2.2.1.58　东京代代木体育馆（游泳馆）（上）
图 2.2.1.59　东京代代木体育馆悬索结构局部（中）
图 2.2.1.60　东京代代木体育馆游泳馆剖面图分析（下）

● 极小曲面

极小曲面也是一种极小能量形式。

肥皂泡是一种古老的娱乐和游戏，也是一项有趣的科学实验。在各种金属丝架子上形成的肥皂泡出于稳定平衡状态，是一种极小势能膜。势能正比于面积，由此推论，肥皂泡所形成的数学曲面是金属丝边界中面积最小的曲面，即数学上的极小曲面。

每一条闭合的空间曲线可以至少由一个极小曲面张成。这一猜想被称为普拉蒂奥问题。肥皂泡给出了这一问题的物理解答。对这个问题的数学证明则极为困难，却也由此引发了对于拓扑型、曲率、极小曲面个数、悬链曲面和螺旋面的诸多研究，与前述悬链线、莫比乌斯环等形状都有着密切联系。[16]145-211

德国建筑师和工程师弗雷·奥托（Frei Otto）进行过与肥皂泡和悬链曲面相关的大量实验，借此转化为膜结构和轻型壳体结构。

图2.2.1.61中，肥皂泡液中用细丝拽起的一个眼孔，而眼孔外的肥皂膜并不破裂，肥皂膜形成一种三维曲面形态，为建筑结构提供了一种可能的稳定形式。用其他钝物，如手指、细丝边缘，也能挑起肥皂膜，改变其形态。

弗雷·奥托充分研究了此类现象，在1957年科隆联邦庭院展览的驼峰帐篷，和1976年慕尼黑奥运会主场馆中，我们可以看到，驼峰支架、柱状支杆、拉索等都可充当使极小曲面发生变形的"障碍物"。膜结构在建筑形式和结构形式上的可能性被极大地开发出来。

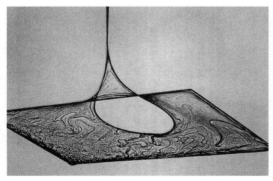 

图 2.2.1.61　肥皂泡液中用细丝拽起的眼孔（左）[16]208
图 2.2.1.62　1957年科隆联邦庭院展览驼峰帐篷（右）[16]180

图 2.2.1.63 慕尼黑奥林匹克体育场鸟瞰（左上）

图 2.2.1.64 慕尼黑奥林匹克体育场（左下）

图 2.2.1.65 慕尼黑奥林匹克体育场钢拉索锚固端（右）

在慕尼黑中央车站改建项目中，上述肥皂泡眼孔结构被直接用于出发大厅的屋面。新车站主体为4层，长420米，宽80米。在对眼孔和极小曲面肥皂泡的研究之后，利用结构逆转原理，将承受张力的双曲薄膜转化为承受压力的双曲混凝土壳体。经过设计和计算，出发大厅屋顶壳体的结构厚度仅为35厘米，约为跨度的1/100。而结构中被拽开的眼孔成为造型奇特的天窗，将自然光线引入近12米高的出发大厅。420米长的站台上，每60米有一个眼孔天窗，而眼孔天窗的横向间隔为30米。每一天有14小时的自然光线进入车站大厅，外部光线的变化可以清晰地被旅客们感受到。

"眼孔"还能够控制自然通风。由于采光和通风等综合措施，以及利用可再生能源，斯图加特中央车站成为一座绿色建筑的示范性工程。

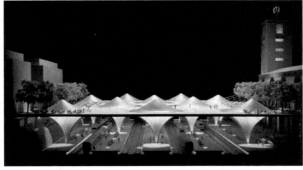

图 2.2.1.66　慕尼黑中央车站新建出发大厅效果图（上）
图 2.2.1.67　慕尼黑中央车站新建出发大厅整体效果图（下）

图 2.2.1.68 柏林爱乐音乐厅（左）
图 2.2.1.69 柏林爱乐音乐厅室内（右）

5）自由曲面形体

一些当代建筑的曲面造型很难归入某种确切的数学模型。更像是依靠建筑师的想象力和艺术感觉予以确定。自由曲面体，以及在此基础上的各种组合运用也成为当代建筑形式差异化的一个类别。

柏林爱乐音乐厅由汉斯·夏隆设计，1963 年建成。由低层休息厅和高耸的演出大厅两个主体块和若干附加体块组成。两个主体块均为不规则平面的特殊几何体。演出大厅屋顶包含一系列起伏的弧形屋面。立面上看，屋顶类似山峰造型，有自然地貌的意象。

北京中央美术学院美术馆主体为 L 形的长梭形曲面体，加上两个垂直的楼梯间长方形体块和一个水平悬挑在主入口上方的体块。四个主体块分为两类，一主三次。L 形的长梭形曲面体作为主要部分属于复杂弯曲曲面体，难以用特定数学函数描述，同时也具有一定的船体造型意象。其余三个辅助体块是基本几何体中的长方体。该案例取自由曲面体为主与基本几何体进行组合，造型的特征较为丰富。

迪拜舞蹈大厦由哈迪德设计，尚未建成即获得了舞蹈大厦的昵称。三个塔楼体块竖向上不再保持垂直，而是自由地扭动转折。从形状角度考察，三栋塔楼属于自由的复杂曲面体，由于有两栋塔楼空中相连，拓扑关系上也具有分离和咬合两种特点。连接之后在楼梯底部形成镂空的虚形，从虚实组织的角度，兼具实形和虚形两种特征。

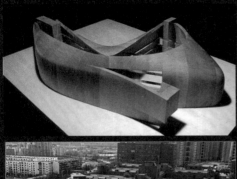

图 2.2.1.70　北京中央美术学院美术馆模型（左上）
图 2.2.1.71　北京中央美术学院美术馆（左中）
图 2.2.1.72　迪拜舞蹈大厦局部效果图（左下）
图 2.2.1.73　迪拜舞蹈大厦效果图（右）

小结

通过对以上案例以及对地标建筑案例库中数百个案例的要素形状进行梳理和分析，从几何角度，对形状作出以下分类归纳：

（1）基本几何形
    ①单纯的基本几何形
        a. 基本直棱体
            正方体、长方体、四棱锥、三棱锥、三棱柱等
        b. 基本曲面体（常规的二次曲面）
            圆柱体、圆锥体、球体等
    ②基本几何形的加减
（2）复杂几何形（非基本几何形）
    ①复杂直棱多面体
        八面体、十二面体、二十面体、异形多面体等
    ②复杂曲面体
        a. 复杂的二次曲面体
            如椭球体、抛物柱面、双曲线柱面、HP面、EP面等
        b. 高次曲面体、特殊函数曲面体
（3）自由形体
难以用数学函数、方程描述的曲面和形体

另外，还有一些造型是在三维几何单体或二维几何图形的基础上经过叠加、复合的过程形成的复合形体。比如，折线与折叠造型、多孔形态、环形、多层叠加的造型、基于复杂平面图形经过拉伸延展、旋转等形成的三维造型。

可以发现，当代建筑形式在形状特征上已经呈现出多样化的变化，为当代建筑形式差异化提供了广阔的可能性。建筑师出于对形式创新的需求，从几何学等相关学科中发现了许多可以在建筑中运用的形式。这些形式，经过建筑师和结构工程师的努力，在结构上常常具有某种合理性，而且可以满足室内空间和功能需求。

2.2.2 仿自然形

美籍芬兰裔建筑师和教育家，伊利尔·沙里宁在其著作中大声呼吁道："大自然，形式的源泉。[7]26"这包含了两层含义：

一方面，在设计中，需要使大自然的形式与人为的形式相协调；另一方面，我们也可以表现大自然的形式。这种协调与表现都基于我们对大自然"有机秩序"的理解。[7]21

结合 2.2.1 节讨论，本书认为，几何形与自然形是建筑师获取形状的两个主要来源，偶尔，也会增加第 3 个来源，即人工现成物造型。

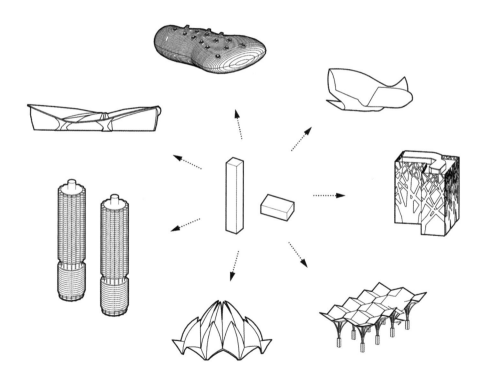

图 2.2.2.1　形状差异化可能性分析：仿自然形的应用

取几何形时,特别是基本几何形时,形式上大多简洁与严谨,应用较多,较为常规;取自然物或现成品时,造型形象生动,但相对较复杂,应用较少。另外,取几何形,但辅之以自然形或现成物的形象类比;或是,取自然形或现成物的意象,但仍运用几何形的复杂组合确定最终形状。两种方式一定程度上可以兼顾简洁严谨与形象生动。

在建筑的历史中,仿自然形运用的并不多,其中的一个重要原因就是,自然形服从于特定的生物机能或特定的自然规律,很多时候与人类的空间需求和建筑结构样式并不一致。尽管从哲学与人类学原理上,人造物应该也服从自然秩序,但在应用层面上,两者仍然是有区别的。这也导致了,数千年来几何形态在建筑设计中的主导地位。

然而,当代建筑在新的空间需求、社会背景和技术背景下,有可能引入某些仿自然形,并借鉴自然秩序来组织人们的空间需求。由此引出了本节讨论的仿自然形。

对于自然形态的模仿大致可分为以下两大类:
1)生物形态;
2)非生物形态。

植物和动物又是生物形态的两大类型。模仿植物的又比模仿动物的多。模仿植物的可分为模仿其营养器官,如叶子、根茎枝干;以及模仿其生殖器官,如花朵、种子。已出现的实例中,两者皆有。模仿动物的形态又可分为水生动物和陆生动物,已出现的案例中模仿水生动物的略多,这似乎是由于陆生动物的四肢难以被建筑化的缘故。

气候形态、宇宙形态以及地貌形态是非生物自然形态。一些当代建筑中也受到此类宏观形态的启发,做出了差异化程度很大的建筑形式。但相对而言,数量比模仿生物形态的略少。

仿生与仿自然建筑是一个很大的研究课题,限于篇幅,本书仅作概要的分类说明。

模仿植物

仿自然形是一种特殊的造型，虽然造型经过分解可能定义为几何形的一系列组合，但是从整体上，用自然物的造型描述更为恰当而直接。例如在莲花教堂的案例中，"莲花"二字非常简明扼要地表达了该建筑造型的最突出特征。同样，芝加哥的玉米双塔，"玉米"两字也极为形象生动，是形式特征的高度概括。

位于印度新德里的莲花教堂是伊朗建筑师 Fariborz Sahba 历时 10 年（1976～1986年）完成的作品。造型与睡莲科植物的花朵高度相似，属于仿自然形中的植物生殖器官（花朵）造型，平面辐射多轴对称。中心是没开花时候的花蕾形状，外围水池是开花后的轮廓。单个花瓣类似悉尼歌剧院——两个三角形球面拼合。

图 2.2.2.2　莲花教堂（左上）
图 2.2.2.3　莲花教堂俯瞰（右上）
图 2.2.2.4　睡莲俯拍图片（左下）
图 2.2.2.5　莲花教堂航拍（右下）

芝加哥玉米双塔高度 179 米，共 61 层，1964 年落成。上部 2/3 是公寓，下部 1/3 是停车楼。主体块上下分为两个分体块（公寓和停车楼），公寓上部阳台的轮廓形状属于仿自然形中的植物生殖器官（玉米：果实和种子）。

　　植物的叶子、茎和枝干具有天然的悬挑结构，轻盈的感觉和叶脉富有表现力的图案都成为建筑师喜爱它们的理由。西班牙建筑师和工程师卡拉塔拉瓦设计了里斯本世博会园区轻轨站。在出入口处，白色的钢结构大幅度地悬挑，不同尺度和形态的构件编织起一片片巨型树叶。而在轨道上方，钢结构如同从林般遮蔽了部分阳光，洒下富有肌理感的阴影。这里的树冠部分使用直线的钢构件排列出直纹曲面（HP 面）的效果，便于设计施工的同时，产生了柔和的形态变化。

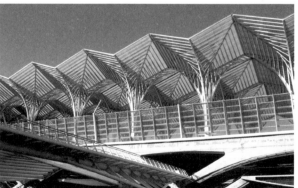

图 2.2.2.6　芝加哥双玉米楼（左）
图 2.2.2.7　里斯本东方轻轨站（右上）
图 2.2.2.8　里斯本东方轻轨站局部（右下）

伊东丰雄设计的仙台媒体中心，外形是一个长方体，但在竖向结构部分，模仿了水草般舞动的轻盈和通透。由钢管柱编织而成的管网状空心承重结构赋予新意，其内部还容纳了楼电梯、设备管道的服务设施，成为形式、结构和设备相结合的案例。该案例还提示出一种自然与人工结合的可能性：在建筑局部和内部模仿自然形态，而在外观上，仍然服从于城市街区的规整形态。

从平面图中可以看出，为了满足内部空间需求和结构需求，所谓水草般的网状管道大致上呈 3 行 4 列分布在方形平面中；而在剖面图中，可以看到位于底层的柱笼较粗，杆件较多，而越往上结构构件越少，柱笼直径也减小，这符合结构受力的要求。而真正在海水中的海草随着水流飘动，并不一定遵循下大上小的结构规律。可以看出，在模仿自然的时候，建筑师和结构工程师对形态进行了合理抽象，并根据建筑和结构上的需求对自然形态作出了人为改变。

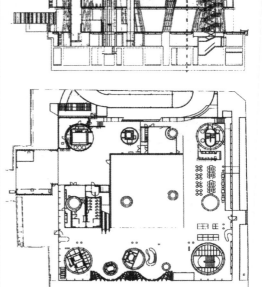

图 2.2.2.9　仙台媒体中心（左上）
图 2.2.2.10　仙台媒体中心室内（左下）
图 2.2.2.11　仙台媒体中心剖面图和平面图（右）

模仿动物

为了庆祝 2003 年奥地利格拉茨被评为"欧洲文化之都"，该市建造了格拉茨艺术馆。作为当地的标志性建筑，艺术馆的外观与周边红瓦屋顶的传统建筑差异性极大。

它如同一只巨型海参，被称之为"友好的外星生物"。一系列喷口型的天窗如同海参身上棘刺，其中一个还指向河对岸施罗斯伯格山上的钟楼。

建筑师是彼得·库克（Peter Cook）和科林·弗涅尔（Colin Fournier）。20 世纪 60 年代，彼得·库克曾经是阿基格拉姆小组（Archigram Group）的一员，以至于当下许多建筑师认为这个建筑是当年名噪一时的先锋设计团队的第一个建成项目。

艺术馆通透的底层是餐厅和媒体休息室。参观者通过一个自动扶梯，进入到"外星生物"的内部。它的两层展厅展示近四十年的著名艺术品。接近屋顶有一个悬挑的玻璃体结构，可以一览全城的风景。

由 1000 多块亚克力板构成了格拉茨艺术馆的表皮，如同生物的皮肤，在中央计算机的控制下，这个巨大的"像素表皮"（BIX Facade），可以通过内部灯光的改变变换其形态。而东立面可当作巨型显示屏，显示相关的艺术与文化活动信息。

这个泡状建筑基于 NURBS 曲面建模。NURBS 是非均匀有理 B 样条曲线（Non-Uniform Rational B-Splines）的缩写。在传统的制图领域，没有 NURBS 曲线和 NURBS 曲面，它是专门为使用计算机进行三维建模而建立的，定义工业产品几何形状的唯一数学方法。后来，球面、圆锥面、抛物面、双曲面的二次曲面，以及 Bezier、有理 Bezier、均匀 B 样条和非均匀 B 样条曲线都逐渐被统一到 NURBS 中。用户在三维建模

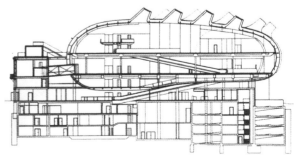

图 2.2.2.12　格拉茨艺术馆（左）
图 2.2.2.13　格拉茨艺术馆剖面图（右）

图 2.2.2.14　新加坡滨海艺术中心（左）
图 2.2.2.15　新加坡滨海艺术中心模型 （右）

软件系统中，可以通过控制点来调整 NURBS 曲线，自行定义 NURBS 曲面。通过形体、表皮和结构的多层次数字化建模，格拉茨艺术馆的奇特形状终于走向现实。

同样复杂的形体和表皮也出现在新加坡滨海艺术中心案例中。艺术中心（Esplanade）位于新加坡著名的滨海区。该艺术中心于 2002 年 10 月正式落成，已成为新加坡的标志性建筑。艺术中心的主设计方为 DP Architects，其建筑师团队以昆虫的复眼为灵感，造就了其独特的外观。又由于平视建筑时，艺术中心主体尖锐外翻的细分表面宛如榴莲的表皮，因而又名"榴莲艺术中心"。在轮廓形状特征上近似动物器官或植物果实，在表面细分形态上运用极多的细分三角小曲面和小孔洞。这样的形式组合带来了标志性与独特性。

2003 年落成的英国伯明翰的塞尔福里奇百货公司（Selfridges），由未来系统事务所（Future System）设计。特殊的曲面轮廓形状和密布于其表皮闪亮凸出的圆点都让人联想起某种奇特的生物，这让人产生强烈的触摸欲望。位于巴塞罗那的金鱼雕塑是盖里早期直接模仿鱼类身体动势的作品。巨大的镂空网状编织以及掐头去尾的造型，使得作品本身具有了一定的抽象性。

另外一些个别案例中，动物形态作为一种装饰出现在建筑中。例如，位于西班牙巴塞罗那的达利剧院博物馆，屋顶众多的蛋形物可以看作附加于建筑体块的装饰物，属于动物制品，几乎不加处理地与常规建筑外观生硬组合，恰好给原本比较平淡的建筑外观带来了荒诞离奇的色彩。

图 2.2.2.16　塞尔福里奇百货公司（Selfridges）（左上）
图 2.2.2.17　塞尔福里奇百货公司（Selfridges）表皮
（左下）
图 2.2.2.18　金鱼雕塑（盖里设计）（右上）
图 2.2.2.19　达利剧院博物馆（右中）
图 2.2.2.20　达利剧院博物馆局部（右下）

模仿非生物自然形

前述提及的日本东京国立代代木竞技场中，丹下健三的造型设计与漩涡、海螺等自然形态高度相似，也获得了自然的漩涡动态。

将模仿自然的形态与合理的悬索结构相结合，体现了建筑师和结构工程师的高超智慧。此时，仿生或仿自然已不仅仅作为一种形式差异化的单独手段，也不仅仅带来表皮质感的变化，而是外观、内部空间氛围和结构表现的高度融合。

上一节主要分析了该案例在结构方面运用悬索结构和悬链曲面的情况，本节从更为整体的视觉印象来看，仿自然和宇宙形态的策略带来了额外的神秘感和视觉张力。

气候形态、宇宙形态或地貌形态，就是中国古代人常说的天与地。从中获得灵感的建筑形式常常将建筑置于宏大的外部环境感觉之中，正所谓将天地之形化入建筑。

图 2.2.2.21　国立代代木竞技场航拍（上）
图 2.2.2.22　漩涡星云（下）

小结

对于林林总总的仿自然形，可尝试依据自然形态进行大体的分类：

（1）生物形态
   ①动物
      a. 陆生动物，如爬行动物、哺乳动物、人类等
      b. 水生动物，如鱼类、软体动物、棘皮动物、多孔动物等
   ②植物
      a. 营养器官，如叶子、根茎
      b. 生殖器官，如花、果实
（2）非生物形态
   ①气候形态、宇宙形态，如风、云、雾、雪、星云等
   ②地貌形态，如山、岩石、峡谷、河、海等

事实上，这些自然形态均或多或少在建筑形式中出现过，有时它们被直接引用，如"福禄寿"人形建筑；有时则经过适当的抽象。文丘里在其著作中对于在建筑中运用自然形或现成物作为符号持宽容和支持的态度：鸭子形状的房子或装饰过的棚屋，都可以承载符号。[20] 然而，有一些问题无法绕过：此类建筑如何处理形象上的似与不似？如何处理象征符号形态与建筑结构、空间的关系？如何避免过于商业化和庸俗化的倾向？形式上适度抽象，巧妙与结构和空间需求相平衡，这似乎是一条较好的出路。建筑师需要将自然形态和自然秩序提炼出来，与建筑的空间需求、功能组织乃至结构秩序相匹配，这个过程中，不能简单生硬地模仿自然。

另外，在《艺术与自然中的抽象》一书中，对于大自然中形的种类区分如下[21]：1）能量；2）大气；3）水；4）固体；5）植物；6）生物；7）分解。

这个分类可视为对本书主要分类的补充，例如，在能量的形式中，作者提及闪电、暴风雪和火，提及恒星与银河，还特别关注了磁场形态。而分解、衰变和死亡的形式，更多出现在纯艺术作品中。"对艺术家来说，要求对这种生命力和其变化有所感受是很重要的。[21]101"

2.3　形体的消解

　　点、线、面、体是形式要素的基本类型。体是古典、现代建筑的基础，而形式要素类型在当代建筑中的差异化主要体现为形体的消解。可分为 3 种情形：

　　（1）以片代体；

　　（2）群线与点集的表现；

　　（3）体、面、线的连续转换。

2.3.1　以片代体

　　在布鲁诺·赛维的《现代建筑语言》一书中，体块可以、甚至被鼓励拆解为面（板片）。荷兰风格派的理论，直接促使了他所谓"四维分解法"的产生。他说道，"现代建筑……首先要做的就是将方盒子般的房间分解成壁板的方法来取消三维的表示方法……中空的立方体已不复存在，而被分解成了六个平面……最黑暗的角落也被照亮了……这是通向建筑解放的决定性一步。虽然其内部空间多少还是立体的，但在这种光线照射的形式下已经焕然一新。[22]"

　　建筑师格里特·托马斯·里特维尔德设计了荷兰乌得勒支市的施罗德住宅（又名乌得勒支住宅，1924 年），是较早能够代表风格派的建筑案例。施罗德住宅中已经展现了将体块拆解为板片的可能性，特别是在阳台部分，板片已经显示出很大程度的独立性，二者的关系发生了古典建筑中所没有的变化。值得注意的是，栏杆、窗框以及阳台的垂直钢柱被特殊强调出来，线条的独立性开始凸显。

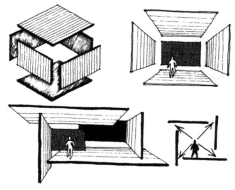

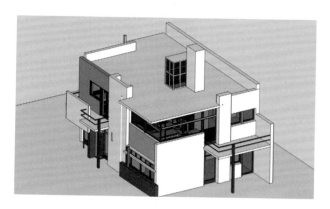

图 2.3.1.1　布鲁诺·赛维的四维分解法示意图（左）
图 2.3.1.2　施罗德住宅数字模型图（右）

▲观察当代建筑，归结起来，"以片代体"有 4 方面的情形：

1）板片趋向于非常薄；

2）板片大尺度出挑，脱离主要体块；

3）外墙或屋面呈现连续表皮状态，与内部结构有脱离倾向；

4）体块以水平或纵向化解为若干板片。

有时这几种情形分别出现，有时结合在一起运用。

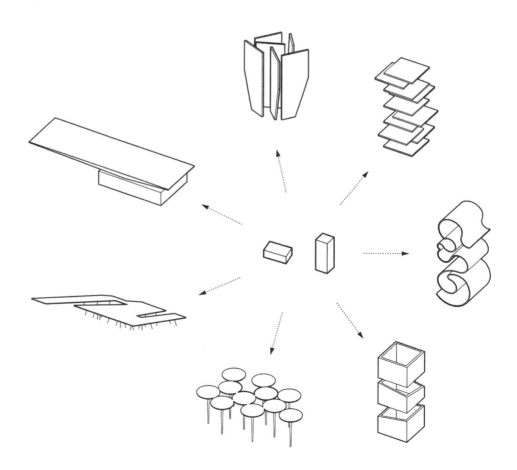

图 2.3.1.3　形体消解可能性分析：以片代体

由戈特弗里德·波姆参与设计的汉斯·奥拓剧院 (Hans Otto Theater) 1999 年获得竞赛一等奖后开始建造，2006 年落成。剧院外观打破了常规剧院封闭而略显沉闷的体块感，3 层飘逸夸张的水平屋面板片和透明的立面塑造了剧院外观的重要特征，剧院外部的基地与分层平台也参与到造型特征组合中，厚实的基地平台与轻薄的屋面板片相映成趣，色彩上也使用大红大绿的对比色。剧院外观给人以耳目一新的轻快感受，成为当地的标志性建筑。

在此造型中，三片叠加的屋面板片被赋予了特殊的形状，即形式要素的形状特征被凸现出来。直棱直角的长方形板片消失了，代之以轻薄、浪漫的曲线边缘板片。加上色彩和质感上的处理，板片在抽象类型的基础上，获得了更多的形式表现力。三个板片的重复和叠加，是在形式组织层面上形成节奏感和韵律感的组织手段。

巴黎佩勒伯特大街 131 号住宅楼案例中，板片主要是由承重墙体演化而来，水平楼板和屋面则相对隐蔽。在此，板片色彩和表面材料肌理同样是形式要素的特征，而多个垂直墙板、多角度前后分布，则是一种组织手段。该案例打破了高层住宅楼呆板、重复的外观印象，在保持住宅平面功能布置相对简单稳定的基础上，创造了有差异性的外观。这首先得益于对"面"要素的强化表现。

前述日本兵库县的"弹力建筑"，将波纹钢板卷曲成为小型住宅的屋面。轻薄的材料在卷曲形态下，获得必要的结构强度和刚度，得以覆盖室内空间。卷曲的面一方面是建筑形式中最引人注目的部分，同时也符合功能和结构的需求。展现了"面"要素作为建筑基础要素的重要性。在屋顶下方围合空间的平面直角墙体换用砌块材料，直与曲、轻薄的钢板与厚重的混凝土砌块形成鲜明对比。这也是一种组织手段，借此形成了建筑形式的整体。这个案例中，体块同样被高度弱化，而不同性质的面被组织在一起。

扎哈·哈迪德设计的轨道交通换乘站，主要表现了轻薄舒展的大型板片与纤细的线（钢柱）的关系，体块已不见踪影。板片被处理为连续整体的一大块，钢柱则可以变得众多，如丛林般密集。为了强调"线"要素的独立性，线条的密度分布、方向都显示出一种随机性，并没有服从于某种网格规则，平板与密集柱子形成的线条形成反差，也因此获得内在的张力，空间中仿佛弥漫着一种力量，柱子随之各自倾倒，而屋面岿然不动。顶棚灯具也被当作水平线条被组织进同一个相互作用的力场，只不过相对立柱较弱。从鸟瞰视角，整个场地中的铺装也被当作抽象的面，而轨道，乃至停车

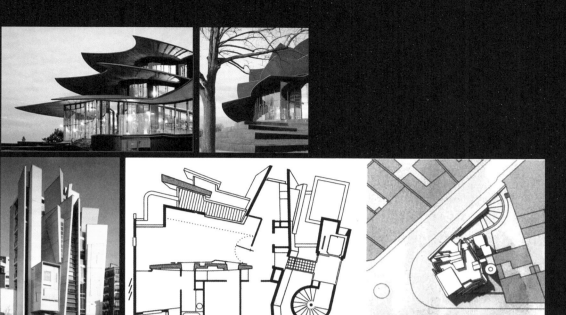

图 2.3.1.4　汉斯·奥拓剧院 1（德国波茨坦）（上左）
图 2.3.1.5　汉斯·奥拓剧院 2（德国波茨坦）（上右）
图 2.3.1.6　佩勒伯特大街 131 号住宅楼 (131 Rue Pelleport)（下左）
图 2.3.1.7　佩勒伯特大街 131 号住宅楼平面和总平面图（下右）

图 2.3.1.8　"弹力建筑"（日本兵库县）（左下）
图 2.3.1.9　轨道交通换乘站（上）
图 2.5.1.10　轨道交通换乘站（右下）

位的划线是抽象的线，这些均进一步强化了形式中包含的面与线条的张力关系。

　　澳大利亚墨尔本当代博物馆则同时表现了体块、板片和构架。在主要入口部分，构架和板片居于主导，而在展厅部分，体块居于主导。此时的入口构架服从于一个规则的方格网，而板片则显得不安分，试图冲破方格网限制的区域，体块则退引到框架之后、板片之下，成为弱化的背景。建筑显示出对于环境的积极吸纳和开放，没有博物馆建筑通常的刻板的说教面目。

　　德国奥托博克大厦把体块的 4 个外立面通过圆角连接处理形成连续界面后，将主要立面作为连续完整的板片，再通过曲线连续切割，形成连续窗洞。在顶部还应用镂空虚形，进行构架化处理。在立面板片切割的过程中打破常规水平分层的方式，进行跨楼层的波动分割，由此也产生动势效果。原本较为简单乏味的体块经过特殊的板片化和构架化处理，变得生动有趣，富有差异性。是体块—板片—构架进行整体转换的精彩案例。

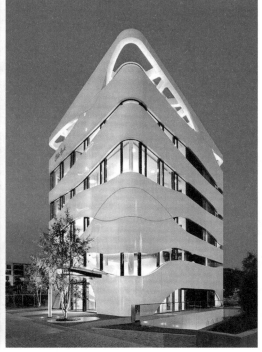

图 2.3.1.11　墨尔本当代博物馆（左上）
图 2.3.1.12　墨尔本当代博物馆鸟瞰（左下）
图 2.3.1.13　德国奥托博克大厦（右）

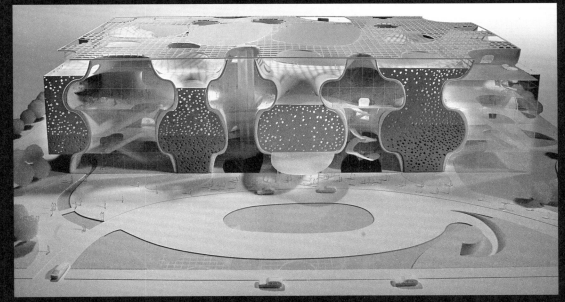

图 2.3.1.14 梦露大厦（左上）
图 2.3.1.15 乌得勒支教育馆（右上）
图 2.3.1.16 台中大都会歌剧院（下）

　　中国的建筑事务所 MAD 设计的梦露大厦帮助该事务所获得国际范围内的知名度。水平切片般的层叠楼板，强化了体块的曲面扭转态势，如同身材婀娜的女子穿上横条纹紧身裙装，性感效果凸显。在此，一系列层叠的板片暗示出了一个体块的隐性存在，两者的关系不同于板片围合形成体块时的"显性"关系。

　　楼板作为建筑中可能的最大板片，如果加以联合，则建筑外观可以直接呈现剖面效果。乌得勒支教育馆是库哈斯早年的力作，被后来者竞相模仿。屋面板转折成为阶梯教室的倾斜楼板，建筑空间在垂直向度上被连续板片划分出来，但彼此又形成一种空间的咬合和互动关系。被赛维拆散的板片被重新联合了起来，但此时，空间已不是单一的房间，连续的板片将整个建筑的空间组织起来，在此意义上，形式的连续性和空间的连续性有所统一。

　　伊东丰雄设计的台中大都会歌剧院，打破了通常建筑内部横平竖直的板片分割与组织方式，连续多方向闭合交接的复杂曲面形成了犹如生物组织的内部多孔交互结构。体块从内而外展现出特殊的连续曲面板片。而内部两个主要剧场和众多功能均组织进入这个连续、多孔的板片腔体。形式的连续性和空间的连续性在更高的层次上得到统一。而相应的结构设计也体现了极大的创新精神。

　　本小节案例体现了形式要素类型差异化的一个基本方面，即"以片代体"。虽然只是将体块降解一个层级，成为面（板片），但形式的视觉效果发生了重大改变，甚至由此引发结构设计、构造设计的相应改变。

2.3.2　群线与点集

　　形式要素类型差异化的第二个方面是进一步将"面"降解为"线"，甚至"点"。这方面的情形主要包括：

　　1）线条以构架的形式出现，可以是结构性的，也可以是自由组织的；

　　2）线条编织成面，点集暗示出表面。

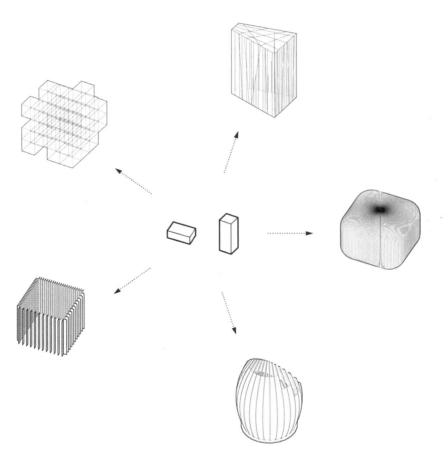

图 2.3.2.1　形体消解可能性分析：群线与点集

体块与面都被弱化，线条凸显，这在蓬皮杜艺术中心中表现的格外突出。此时的线条，种类繁多，不仅仅是各种结构构件，还包括各种设备管线和交通流线（自动扶梯管道）。各种工业生产的钢结构构件主要为线状，这正是蓬皮杜艺术中心的技术基础。钢结构与木结构中可以表现线条的艺术。线条的形态、分布、排列的方向、层次都成为形式要素特征和组织的重要方面。

2002 年完成的这个木结构瞭望塔展现了线条编织所形成的特殊曲面。与蓬皮杜立面水平和垂直为主的线条组织方式不同，此时的斜交网格形成了更具有动感的视觉引导性。线条既是结构传递力的路径，也是引导视觉认识整个表面的重要线索。线条的结构性和表现性因此得到了很好的结合。

图 2.3.2.2　巴黎蓬皮杜艺术中心（左）
图 2.3.2.3　2002 年完成的木结构瞭望塔（右）

中国北京国家体育场从形式要素上分析，是巨型体块整体转化为构架的典型案例。可以看出，构架从马鞍形体块转化而来。在图 2.3.2.5、图 2.3.2.6 中，看似随机搭建的构架其实有一个规则的主体结构，大型门式刚架辐射式分布，刚架在脚部彼此连接，形成类似倒三棱锥的垂直支撑构架（组合钢柱），24 对门式钢架和 24 个组合钢柱组成辐射对称主结构之后，再增加加劲梁与立面楼梯梁，形成打破对称的效果，形成构架局部的不规则性。体块整体的规则性和对称性，与构架局部的不规则性、非对称性相映成趣。

图 2.3.2.4　中国北京国家体育场：鸟巢（上）
图 2.3.2.5　中国北京国家体育场结构分析模型（下）
（对称：24 对门式钢架——24 颗组合钢柱；打破对称：旋转对称的加劲结构）

国家体育场巨大的体块被精细地化解
为构架，形成结构与空间合一的一体
化表达，尤其是体块与构架这两类原
本视觉效果差异大的元素，可以产生
较好的整体转换与融合效果。

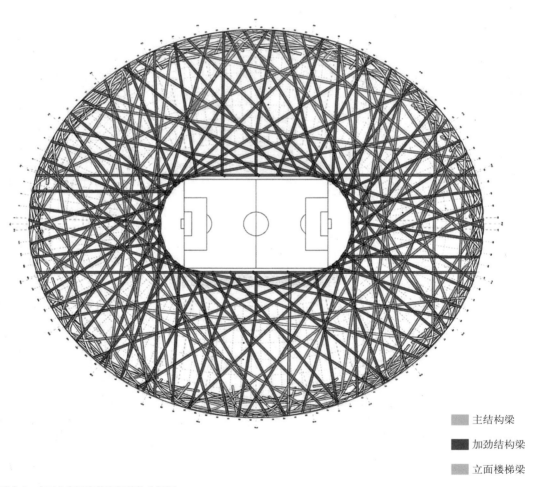

主结构梁

加劲结构梁

立面楼梯梁

图 2.3.2.6　中国北京国家体育场结构分析图

位于合肥滨湖新区文化广场的合肥国际创新展示馆俗称合肥"鸟巢"，是应用构架作为主要造型元素的案例。总建筑面积超过 1.4 万平方米。展示馆主体由众多的钢结构杆件彼此搭接、编织。771 根杆件中，长的杆件 74 米，短的约 47 米。施工放线非常复杂，每根都要进行 6 次三维放线定位。

从本书的角度，合肥鸟巢运用了构架这一较少运用的形式要素，产生了差异性。但与北京鸟巢的"体块—构架"整体转换不同，合肥鸟巢的构架与体块关联很弱，基本只是一堆架子，或者说，构架消解了体块。只见构架的实形，而镂空虚形杂乱难以辨识，没有构架与体块转换的效果。合肥鸟巢体量较小，而构架的碎片化进一步使其与周围开阔的广场环境相脱节，尺度更趋渺小，缺乏造型力度。

生物骨骼中的各种多孔和中空结构是将体块转化为板片、构架的最佳案例，生物进化过程的复杂、精妙及合理性是人工产物无法企及的。

藤本壮介为蛇形画廊设计的临时展厅占地 350 平方米，在画廊建筑前草坪上立起

图 2.3.2.7　合肥国际创新展示馆效果图（左上）
图 2.3.2.8　动物骨骼组织显微结构（左下）
图 2.3.2.9　蛇形画廊夏季临时展厅 1（右上）
图 2.3.2.10　蛇形画廊夏季临时展厅 2（右下）

一座精细的格状建筑，2 厘米见方的钢柱创造出纤细、半透明的外形，融入以古典式画廊东翼建筑为背景的整体环境。此时，体块已经趋向于消失，甚至面的要素也难以寻觅。只剩线，以及线的端头———点。构架涂刷成白色，钢材的材质属性被完全遮蔽，空间中密集的线构成无尽的三维正交网格，进一步凸显了形式的抽象意味。形式要素被高度简化，形式特征（形状、色彩、质感）趋向于消隐，只剩下无数的线与点（交点与端点），以及其位置关系。这充分说明了，仅仅依靠将某些形式要素类型的表现和特殊的组织方式推向极端，也能够创造出形式差异化。

2010 上海世博会英国馆，种子圣殿，通过 6 万根透明亚克力杆，营造出极为特殊的外表。亚克力杆的端部可视为点状，6 万个点暗示出一个超椭球的表面，而所有的线几乎垂直于这个暗示出来的表面，而非直接编织出这个表面。这与前述蓬皮杜艺术中心和木结构瞭望塔完全不同。此时，所有的线彼此独立，端点也彼此独立，线条和端点被无以复加地强调和表现。

本小节案例体现了形式要素类型差异化的第二个方面，即"群线与点集的表现"。随着将面（板片）进一步降解为线和点，建筑造型的视觉效果进一步变得轻盈、虚化，结构上更多暴露框架和杆件体系。

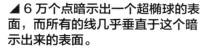

▲6 万个点暗示出一个超椭球的表面，而所有的线几乎垂直于这个暗示出来的表面。

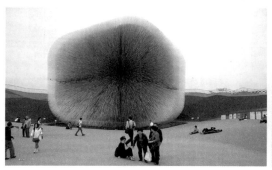

图 2.3.2.11　2010 上海世博会英国馆（左）
图 2.3.2.12　2010 上海世博会英国馆亚克力杆细节（右）

2.3.3 体、面、线的连续转换

作为线面体的具体形态，杆件、板片和体块常常同时出现在建筑形式中，三者的关系成为形式处理的重要方面。形式要素类型差异化的第3个方面是不再清晰区分线、面、体的层级，而是表现层级间的连续性。

不同类别元素的并置与转换

体块、板片和构架3类形式要素可以直接并置组合，也可以在相互转换中进行组合。即体块变板片，板片变构架，体块变构架。

图2.3.3.1是由著名建筑师理查德·迈耶设计的洛杉矶盖蒂中心，较封闭的展厅体块与通透的构架、板片外廊形成直接并置组合。千禧教堂案例中，用作祭坛的较小体块，局部转化为板片和构架。在表现体块的完整、结实的基础上，也表现了局部板片和构架的开放与轻盈。

图 2.3.3.1　美国洛杉矶盖蒂中心（左）
图 2.3.3.2　千禧教堂祭坛外部体块局部转化为板片和构架（右）

通过转换，体块、板片和构架的基本视觉特点不仅仅产生对比效果，还可以进行新的组合，可以在突出某一方面的同时，兼顾另一相反但可能较弱的效果。

并置与转换的基本区别

与不同类要素直接并置不同的是，转换前后可以看出不同类别要素有一定的同源性。例如，板片和构架可以从体块的某些面域分解转化而来，构架密集排列将趋向于板片或体块，而板片厚度增加将趋向于体块。

元素类别转换的基本方式

1）局部转换
造型的局部由一种要素转换为另一种要素，其余大部分仍保持原有类别的情况称为局部转换。例如上述千禧教堂案例中，用作祭坛的较小体块发生了局部转换。

2）整体转换
造型大部分乃至全部由一种要素转换为另一种要素，从整体外轮廓仍能识别出转换前的基础元素类别。整体转换通常比局部转换更有差异性，也更困难。

3）连续转换
体块、板片和构架3类形式要素的连续转换是特殊的类别转换方式，也是特殊的差异化手法。
与上述局部转换不同是，连续转换发生在造型的更大范围乃至整体上。

前述鸟巢案例中，马鞍形体块转换为构架之后，体块变为隐性的存在，需要观察整体轮廓才能意识到。与此整体转换不同的是，连续转换前后的要素类别同时存在、可见。连续转换的重点是，将不同类别要素的转换过程完整地展现出来。

连续转换基于"体—面—线"的内在几何关联，在组合过程中，形式要素发生部分改变。

案例分析：扎耶德国家博物馆方案

1）概述

这个博物馆拟建于阿拉伯联合酋长国阿布扎比萨迪亚特岛上，是为了纪念已故酋长扎耶德·本·苏丹·阿勒·纳哈扬（Sheikh Zayed bin Sultan Al Nahyan）。这个方案是世界著名的英国建筑事务所 Foster + Partners 的作品，于 2010 年底公布。根据设计师的说明，建筑设计采取的鸟羽形状是对酋长的雄鹰嗜好的表达。

2）基本部分

该方案的造型可以分为两个部分：下部是近似圆台形状的覆土基座，作为博物馆主要展厅；上部是 5 座破土而出的塔楼，用于冷却自然气流。

3）形式要素

下部覆土基座由体块构成。上部塔楼由体块、板片和构架组成。其中体块隐含在构架和板片之中。

4）元素特征

下部基座覆盖土壤和植被，消隐于环境之中不作表现。上部 5 座塔为相似的羽毛形态，具有倾斜向上的动态，大小有所不同。5 座塔楼彼此分离，但位置靠近，相对自由错落分布。

5）要素转换

取 5 座塔之一进行进一步分析。塔中隐含一个楔形体块，主要由腹部和背部两个曲面闭合而成。

 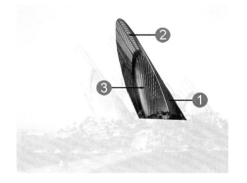

图 2.3.3.3　扎耶德国家博物馆设计方案效果图（左）
图 2.3.3.4　扎耶德国家博物馆设计方案元素延展连接示意图（右）
（1：曲面板片 2：从板片中转换出的构架 3：由隐含体块的一个表面在原位转化成构架）

其中的背部曲面发生了延展，生成曲面板片，即图2.3.3.4中的1，该曲面板片进一步延展之后转换形成构架，即图2.3.3.4中的2。板片和构架形成了连续转换。

上述过程可抽象概括如图2.3.3.5，体块的一个面域从边缘向外延展，形成一定厚度的板片，即图中的2，完成了一次从体块向板片的变换。同理，图中的3是板片中内含的杆件继续向外延展形成构架。可以看出，此时的板片源自体块，构架源自板片。在这种变换方式中，某种元素连续转换生成其他类别的元素。

需要补充说明的是，隐含体块的腹部曲面镂空形成构架，这是隐含体块的腹部曲面在原位转化生成构架的情形，即图2.3.3.5中的3。

6）连续转换的效果

扎耶德国家博物馆项目中，隐含体块、板片与构架形成"体—面—线"连续转换，使得板片、构架与隐含体块密切联系，板片和构架不再是附加于体块的局部装饰。"隐含体块—板片—构架"形成造型元素的连续性延展连接，形成了造型元素类别维度的特殊效果，表现动态的、塑性的、你中有我的彼此融合。而常规的元素并置组合表现出体块、板片和构架的静态的、刚性的、非此即彼的分别。所谓"连续"，就是将三者"体—面—线"的内在几何关联进行连续表现。变换的过程通常显示出体块、板片和构架具有下降的层级关系。

在形式要素特征和组织方面，羽毛状的轮廓形状、倾斜向上的动势、重复5次的节奏感，也相当特殊。几方面共同形成强烈的视觉表现性。

经过连续变换和原位构架转化，该案例隐含的体块感已被削弱很多，从其视觉重量也被减轻了，但依然可以看出隐含体块是变形和转换的基础。

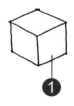 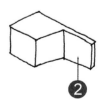 

图 2.3.3.5 体块—板片—构架连续转换示意图
（1.体块 2.延展转换出的板片 3.板片转换为构架）

相关案例：新喀里多尼亚特吉巴欧文化中心

在更早落成的新喀里多尼亚特吉巴欧文化中心的设计里，意大利建筑师伦佐·皮亚诺同样重复使用了多个类似的羽毛构架，构架从延展的板片转换而来，同时也使板片的内部结构外露。基于风、气流、环保、可持续设计的理念，外露的构架与板片变为中空的双层，留出气流通道。

上述这两个案例成为元素类别连续变换的典型案例。

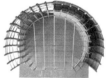

◢随着结构的外延，结构构件的密度在变稀疏，围护和表皮构件也在变得稀疏，在末端只剩下竖向构件。

图 2.3.3.6　新喀里多尼亚特吉巴欧文化中心俯瞰（左上）
图 2.3.3.7　新喀里多尼亚特吉巴欧文化中心 1（右上）
图 2.3.3.8　新喀里多尼亚特吉巴欧文化中心 2（下）

▲花冠在效果上很接近局部装饰的手
法，这种局部装饰取向容易被模仿。

图 2.3.3.9　上海外滩中心塔楼顶部

在上海外滩中心塔楼顶部造型中，元素变换也得到了应用。建筑坐落于上海延安东路地段，融办公、居住、酒店于一体。占地面积超过 20000 平方米的外滩中心，由一幢 50 层的写字楼和两幢 26 层的上海外滩中心威斯汀大饭店组成。该项目由波特曼设计事务所设计。

主塔楼顶部（缩小的八棱柱之上）由以下几种形式要素组成：圆柱形体块、周边壁柱形成的附加构架，以及最上部类似花瓣形状的板片和构架。

这个花冠直径达 58 米，总重量近 600 吨。由三组三维空间曲杆超静定全钢冠瓣组成。其中里层和中层的冠瓣分别为 8 片，最外层的冠瓣为 16 片。其中，一圈尖角花瓣形板片是从圆柱体块边缘延展而出，镂空花瓣构架再从板片背后延展而出，形成两次延展连接之后的层次叠加。

对于这样一个老百姓看来很漂亮的花冠，当年在一些建筑师眼里却颇多非议，因为他们认为这个花冠使用的是"非建筑语言"。从本书的角度，这个花冠使用了"非常规"的建筑语言，但同样是建筑语言。但其形式处理方式需要加以辨析。从要素类别和特征的角度，这个花冠主要特点如下：

1）在要素类别上，通过元素变换和层次叠加，产生了在常规建筑中罕见的板片和构架。

2）在要素形状特征方面，塔楼顶部板片和构架运用罕见的花瓣形造型（类自然形），产生了差异性的特征，即周边建筑乃至多数塔楼顶部所不具备的某些特征。

3 个案例比较

虽然都运用了要素类别转换，但上海外滩中心花冠与扎耶德国家博物馆、特吉巴欧文化中心两个案例的运用方式有 3 方面的区别：

1）运用连续转换的范围

扎耶德国家博物馆与特吉巴欧文化中心两个案例中，连续转换发生在相关体块、板片和构架的整体上，可谓整体连续转换。外滩中心有所不同，塔楼顶部要素转换只发生在形体顶部的小范围内，是局部性的转换。这种小范围局部转换，从效果上很接近局部装饰的手法，看起来几乎就是体块外局部附加板片和构架，形成装饰物。这种局部装饰取向容易被模仿，因而在后来的一些高层建筑顶部屡屡出现仿作，原本的差异性变为同质性，其差异性价值迅速降低。整体连续转换则显示出各种元素有较高的整合度，元素彼此连接紧密，难以分割，共同保持整体性。

2）元素转换的技术与艺术表达

扎耶德国家博物馆与特吉巴欧文化中心两个案例向外延伸的构架根植于主体结构框架，是主体结构构件的外延，具有结构表现性。在特吉巴欧文化中心案例中还可以看到，随着结构的外延，结构构件的密度在变稀疏，相应的围护和表皮构件也在变得稀疏，退晕般渐渐消失，在末端只剩下竖向构件，没有收边构件。结构、围护与表皮的技术组合将要素连续转换的效果充分表达。可以说，连续转换使得技术性与艺术性得以统一表达。

上海外滩中心顶部的板片和构架从技术上来说是非结构性的附加部分。板片尺寸与下方的壁柱间距虽然有关联，但壁柱本身就属于附加装饰。因此，外滩中心的顶部花冠重在装饰点缀，强调单一的装饰性表达。

3）连续转换与建筑语言的创新性

扎耶德国家博物馆与特吉巴欧文化中心两个案例都具有纪念性和文化性，虽然它们的造型中出现了大量原本与纪念性、文化性建筑无关的特点——在要素类型方面，运用了元素连续转换、原位构架转化。在其他特征与组织方面，运用了非对称布置的多个单体组合、类自然形造型、动态的形式。建筑技术层面运用了可持续性生态设计和结构表达。造型特征组合与技术层面都进行了创新，以当代建筑语言阐释古老的纪念性命题和文化性命题，两案例颇具启发性。对比之下，上海外滩中心顶部的板片和构架元素特征组合则没有摆脱为了凸显塔式建筑顶部而进行重点装饰的传统。

2.4　要素、特征与结构、构造

形式要素类型差异化不应该被视为一种单方面的改变，作为建筑实体构件的重要部分，外观中的体块、板片和构架与建筑结构、构造密切相关。要素类型的差异化一方面可能对结构和构造带来问题和麻烦，而换一个角度，也可能带来创新的契机。

葡萄牙里斯本世博会葡萄牙馆是建筑师西扎与结构工程师塞西尔·巴特蒙德合作的作品。主入口部分主要是跨度达 70 米的悬垂混凝土薄板屋面。为了抵抗重达数千吨的弧形板片产生的巨大拉力，两侧密集排列了板柱，并连接成固定于地面的锚固板体。弧形薄板的轻盈飘逸与锚固板体的厚重坚实形成巨大的反差对比。

为了形成这种由建筑师提出的飞翔的轻薄板片效果，结构工程师需要设想多种结构解决方案。最终的混凝土板厚设定为 20 厘米，这一厚度在视觉上相对于 70 米的跨度而言十分轻薄，但它实际上有上千吨的重量[23]。视觉的轻薄与结构抵抗风荷载所需的沉重在悬索结构中得以调和，水平板片的轻快愉悦与垂直支撑的厚重稳定形成了反差和张力。为了实现这个结构方案，施工过程同样需要被精心设计。

在这个案例中，建筑形式要素类型的变化和特殊性，激发了结构设计的创新举措，原本用于悬索桥梁的某些思考方式，被运用在建筑设计过程中。这条悬链曲线"就像鸟儿飞过深谷……我们的思想与空间中的曲线表达得一样丰富。结构，使我们得以完成这一如诗般的作品。[23]340"

将结构外露，特别是有表现力的线条状结构外露，是结构工程师的喜好之一。建筑师也同样希望借此表达对于新兴技术的礼赞。

蓬皮杜艺术中心，以及图 2.4.3 中的赫尔辛基 Sanoma 总部，都是这样的线条结构表现案例。抵抗重力荷载和水平荷载的钢结构组件被精确地加以排列，直接形成建筑外观的一部分，线条在代替面和体块之后，其内在含义的主要方面就是结构、线条之间的结合与连接，为构造的表达提供了可能性,精美的节点板成为线条上的视觉停留点和节奏点。

结构和构造不再是需要隐蔽和包裹起来的难看之物，结构理性和构造逻辑的表现与形式要素类型变化可以形成互动，最终达到内在的一致性。

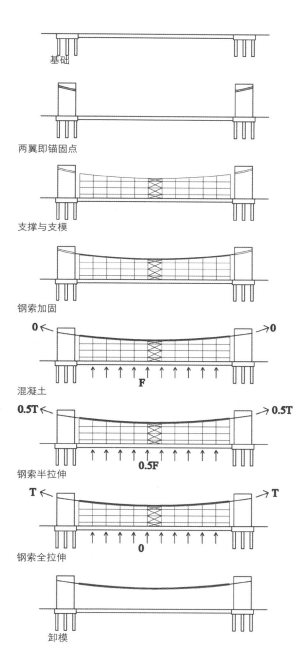

基础

两翼即锚固点

支撑与支模

钢索加固

0 ← → **0**

F

混凝土

0.5T ← → **0.5T**

0.5F

钢索半拉伸

T ← → **T**

0

钢索全拉伸

卸模

图 2.4.1　里斯本世博会葡萄牙馆主入口（上）
图 2.4.3　赫尔辛基 sanoma 总部（中）
图 2.4.4　赫尔辛基 sanoma 总部外部结构节点（下）

图 2.4.2　里斯本世博会葡萄牙馆主入口施工顺序示意图（根据 [23]326 改绘）

2011 年底，台湾台中塔设计竞赛结果公布，日本建筑师藤本壮介的方案获得一等奖。以台湾榕树灵感所启发出的树状结构将会包围着整个基地。

整个建筑由密集的钢管柱编织起来，表面的线条显得随机而交错，刻意抛弃了完整的表面，直接用线条暗示出一个三棱柱的体块，即直接表达线与体的关系，而跨越了"面"这一层级。在超高层建筑中用线条作为唯一的形式要素，是极为罕见的做法。在结构分析图中，可以看出主要的结构可分成：建筑周边钢柱、中心区钢柱、间接连结钢柱、螺旋钢梁结构以及屋顶板钢梁结构。

由此，结构解决方案也围绕着这些钢管线条来展开，充分体现了建筑形式中的线条与结构设计中柱、梁、斜撑的密不可分的关系。看起来极具差异性的建筑形式得到了比较合理的结构解决方案，两者都具有了创新性。

建筑师对于结构设计不能一无所知，恰恰是对于结构设计的深刻理解才能促使建筑师在形式表达时获得更多的自由度。有时，建筑师所表现的可以是结构设计中最关注的或是受力最大的构件，此时，结构逻辑和视觉逻辑一致；建筑师也可以根据视觉表达的需要，将某些在结构上作用较小的构件予以突出表达，此时，视觉逻辑优先，但并不破坏结构逻辑。

  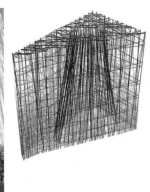 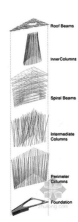

图 2.4.5　台湾台中塔方案效果图（左）
图 2.4.6　台湾台中塔方案局部效果图（中）
图 2.4.7　台湾台中塔方案结构分析图（右）

在央视新主楼建筑方案中，外立面线条划分直接反映了其内部钢结构受力的分布情况，线条密集的地方受力较大，反之，线条稀疏的地方受力相对较小。尽管这已是表皮对于结构的转译，但仍然遵循了视觉逻辑与结构逻辑一致的原则。

在更早建成的上海浦东国际机场室内，可以看出，在视觉表现方面，深蓝色的顶棚和密集的白色线条成为主要的表现对象，重点表现了以下几点：

1）线与面的数量——线条众多而离散，面则是完整单一的；

2）线与面的位置关系——面是水平的，线条是垂直的；

3）密集线条的有规律排列——重复；

4）线与面的形态——线是短促有力的直线段，面是广阔舒展的；

5）线与面的颜色——线是白色，面是深蓝色。一个是明度很浅的非彩色，一个是明度很深的彩色。

归结起来，所表现的是形态和组织上的对比关系——线与面在多方面、多层次上的对比。

▲建筑师可以根据视觉表达的需要，将某些在结构上作用较小的构件予以突出表达。

图 2.4.8　CCTV 新主楼

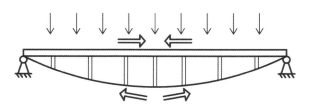

图 2.4.9　上海浦东国际机场室内（上）
图 2.4.10　上海浦东国际机场结构受力分析（下）

在结构方面，如图 2.4.10，将一个结构单元（张弦梁）分离出来进行受力分析，张弦梁的上弦杆在屋面荷载的作用下受到压力，但被深蓝色顶棚遮蔽，没有表现，吊顶本身形成连续的面。下弦杆受拉力，改用尽量细的钢索，并涂刷与吊顶明暗度接近的深灰色，近乎与吊顶（视觉背景）混在一处，消失与背景中，下弦杆的存在被极大程度弱化。而腹杆受压，虽然绝对数值不大，但出于防止失稳的考虑，相比下弦较粗。在结构计算中更为重要的上、下弦杆并不是建筑师要表现的重点，而恰恰是受力不大的腹杆成为视觉表现的重点。在此案例中，建筑师有选择地对线进行表现，他所选择的着重表现的线，不一定是结构工程师在力学计算中承受最大应力的那部分杆件。也就是说，对结构的表现不完全等同于暴露或显现结构的力学状态，视觉逻辑不一定直接等同于结构逻辑。

建筑师基于人的感性，将他认为更有趣的线与面的关系进行了提取和表达，弱化了结构理性中更为重要的部分。两者虽然不完全一致，但视觉逻辑丝毫没有影响结构逻辑。这种情况下，感性表达领域与理性分析领域密切关联，不一致但也不矛盾，这提示出，建筑师的表现领域可以比结构和构造的合理性更为广阔。有时，尽管线、面、体仍然是结构不可分割的一部分，但可以通过在视觉上遮蔽弱化结构的一部分，而把另一部分从结构的力场中抽取出来，在视觉上进行着重的特殊表现，表现视觉动力关系和视觉心理的力场。

前述提及的 2010 年上海世博会英国馆"种子圣殿"具有毛茸茸的外表，使人联想起蒲公英依靠风力传播种子的轻柔与诗意，通过 6 万根透明亚克力杆营造了随风飘动的柔和触须，将对线条的表现推向极致。

极多数量的亚克力实心管形成了超椭球体块的表层，如同动物厚厚的毛发。亚克力实心管可以看作是构架元素（杆件），但是这种构架元素尺度小，与体块结合，形成一种毛发状的构架（杆件）系统。通过对线和点的表现，体块的表面被特殊的方式暗示出来。

单个亚克力杆极为细长，可以说设计师在考虑表面形态时，特地夸张了"毛发"的长度，增强了触感。"毛发"间的空隙和半透明的特征，间接地赋予建筑体块半透明感、厚度感和渗透感。亚克力管被风吹动产生的拂动感、颤动感也表现出新颖的动态追求。种子圣殿周边的起伏地形以硬朗的折面构成，与种子圣殿的轻柔触感形成对比。

该案例在方案阶段也被设计师称为"触觉盒子"，明示了追求触感特征的意愿，触感特征在建筑设计中很罕见，而轻柔触感特征则更为罕见，具有极高的差异性。

　　与形式要素类型的差异化类似，形式要素在形状和质感特征上的差异化，也常常需要建筑结构、表皮构造进行相应的配合。特征上较大的变化，可能引发结构和构造上较大的变化。而一些新特征的出现，也可能导致结构和构造的创新。

◢ 6 万根透明亚克力杆将对线条的表现推向极致。轻柔触感特征极为罕见，具有极高的差异性。

图 2.4.11　上海世博会英国馆

形状差异化与结构、构造创新

在自然椭圆住宅（Natural Ellipse House）案例中，建筑的形体由一个从外翻入内部的环状曲面包裹。在几何学中，这种不分表里的曲面被称为单侧曲面。莫比乌斯环、克莱因瓶就是著名的单侧曲面例子。[15]148-149

外部表面翻转进入形体内部，自然形成了一个连续的结构表面，用线条状的钢结构将这个单侧曲面编织出来，构成了住宅的主要竖向承重结构，楼板结构也顺理成章地用钢构件搭在内外曲面结构之间。而中空的垂直管道正好布置旋转楼梯，解决垂直交通问题。特殊的形体并没有带来不合理的结构和不合理的功能布局。反而带来了一些创新的思维。

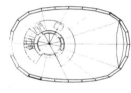
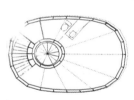
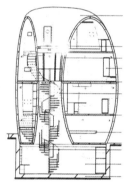

图 2.4.12　Natural Ellipse House（左）
图 2.4.13　Natural Ellipse House 平面和结构系统（右）

在大英博物馆新建中庭项目中，福斯特拆除了内部的部分建筑，设计了一个大中庭。这个巨大而轻盈的新型穹顶对于结构工程师是一个巨大的挑战。因为现有周边建筑已经无法承受来自穹顶的侧推力，屋顶设计中需要考虑轴向受力、剪力和弯矩。"结构工程师在不同的荷载模式下采取了严格的非线性计算机分析……确定屋顶的刚度和曲线形式。在参数化数字建模的支持下，同时结合高水平的工程技术，大中庭的屋顶几经设计和分析，最终建成。[24]"

特殊的屋顶形状给结构设计、施工工艺设计带来了创新的契机。屋顶形状本身已经超越了视觉样式，进一步与数学、力学乃至钢结构焊接工艺学发生了密切联系。借助数学方程式，屋面形状得以精确描述，边界条件、净高需求等被反映到方程式的参数之中，并可以不断进行调整和优化。

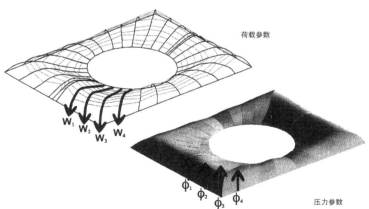

图 2.4.14　大英博物馆新建中庭（上）
图 2.4.15　大英博物馆新建中庭结构受力分析（下）[24]62

图 2.4.16 海南国际会展中心效果图（上）

图 2.4.17 海南国际会展中心屋面（中）

图 2.4.18 海南国际会展中心屋面单层网壳结构（下）

此时，形式特征的变化与结构创新相互促进，甚至可以说，高明的形式本身已经包含了结构性要素，建筑师对于形式的把握如果不仅仅局限于视觉和图案，而是力图进一步把握其中的结构逻辑，就有可能实现形式与结构的新整合。

中国建筑设计研究院李兴钢工作室的建成作品——海南国际会展中心，巨大的屋顶被次分为起伏较大的小曲面。随着屋面起坡，水平的檐口线需要与隆起的主要屋面的正弦曲线边缘相衔接，这部分靠近边缘的屋面呈直纹曲面形态，结构上采用单向波浪形钢网架。屋面主要部分则是双向波浪形单层钢网壳，在网架和网壳交接处，两部分曲率相同，交界线为正弦波动曲线，而过渡到展厅边缘，网架则变成没有波浪起伏的平直状态。

展厅中部主屋面双向以正弦曲线起伏波动，结构为单层网壳，由上凸正壳和下凹反壳交替相连而成，每个下凹反壳的底部与柱相连，柱中设雨水管。上凸正壳顶部设圆形天窗，为展厅带来匀质的自然采光。屋面壳体形态充分回应了日光与雨水这两种重要的自然元素。

运用常规材料建造形态特殊的屋顶，同样可以实现结构和构造创新。

1979年，乌拉圭建筑师埃拉迪奥·迪亚斯特（Eladio Dieste）在位于乌拉圭蒙得维的亚设计了胡里奥·埃雷拉和奥贝斯仓库（Julio Herrera & Obes Warehouse），屋面是一系列切分开来的双向弯曲板片，切口处设置高侧天窗。

迪亚斯特的一系列大跨度建筑，从造型特征的角度，最重要的特征就是屋顶精巧的次分曲面，同时还形成了起伏的波状动态。

图 2.4.19　胡里奥·埃雷拉和奥贝斯仓库（左）
图 2.4.20　胡里奥·埃雷拉和奥贝斯仓库内部（右）

从建筑专业角度，他将材料与形式、采光与结构高度统一。以廉价的薄砖和混凝土建造了令人叹为观止的巨大空间。

通过以上案例分析，可以看出特殊形态与结构、构造结合的一些可能性：

1）有较大、较完整的表面可以通过形状的变化获得某种结构性的优势，例如，利用曲面的刚度减少结构的厚度；

2）局部造型的尺度应与建筑的跨度、层高、开间等结构尺寸相关联。进一步细分表面的构件与结构构件统一或是合理关联，还可以与表皮构件尺度做合理关联；

3）局部形态的改变也是对内部空间的含蓄划分，应对内部功能产生积极影响；

4）各种形态的平直面或曲面应通过合理的开洞、裂口等方式为内部空间引入自然采光；

5）特殊屋面形态应考虑良好的排水方式。

充分考虑上述条件和可能性，就可以在进行要素和特征变化时，解决好相应的建筑专业问题。完成要素、特征创新与结构、构造设计的统一。

2.5 本章小结

1）本书中，把点、线、面、体作为形式要素的基本类别。形状、颜色、质感、尺寸等作为形式要素的特征。它们都可以作为形式差异化设计的可能维度。

2）尺度与比例差异化

在比例关系之中，对于建筑形式而言，总体的三维尺寸的关系将形成该建筑最为基本的比例。长、宽、高是基础几何尺寸的三个向度。当代建筑中，尺度与比例的差异化出现在将总体尺寸中的一个向度或两个向度进行夸张的拉伸或压缩。

尺度与比例差异化对于建筑形式的影响巨大而直接，甚至进一步影响到功能和结构。比如在超高层建筑中，功能垂直分布，几乎形成一座垂直城市，相应的结构形式、材料和建筑设备都必须采用全新的技术。

3）当代建筑形状特征的差异化主要体现在以下几方面：

（1）基本几何形变为自由几何形；

（2）仿自然形的出现。

4）基本几何形与自由几何形的大致分类如下：

    （1）基本几何形

        ①单纯的基本几何形

            a. 基本直棱体

            b. 基本曲面体

        ②基本几何形的加减

    （2）自由几何形

        ①复杂直棱多面体

        ②复杂曲面体

            a. 复杂的二次或高次曲面体、特殊函数曲面

            b. 难以用数学函数描述的自由曲面体

5）仿自然形的出现，一方面体现了大自然的形式与人为的形式相协调，另一方面，借助大自然的形式，我们也获得了新的表现形式。对于林林总总的仿自然形，可尝试依据自然形态进行大体的分类：

    （1）生物形态

        ①动物

            a. 陆生动物

            b. 水生动物

        ②植物

            a. 营养器官

            b. 生殖器官

    （2）非生物形态

        ①气候形态、宇宙形态

        ②地貌形态

6）点、线、面、体是形式要素的基本类别。在这些基本类别的表现上进行变化，是当代建筑重要的形式差异化方式。形式要素类型在当代建筑中的变化主要体现为形体的消解，可分为 3 种情形：

    （1）以片代体；

    （2）群线与点集的表现；

    （3）体面线的连续转换。

3　差异 | 组织方式

本章讨论形式组合方式上发生的变化。近几十年，当代建筑中已经出现全新的组织手法，与轴线、组团等传统组织手法已然不同。形式组织手法差异化主要体现在以下方面：数量组织、虚实组织、对比、位置关系、拓扑关系、网格与流线组织、对称性。

通过组织，建筑完成从单独构件到结构整体，从局部形态到整体形象的飞跃；通过组织，也可以进一步与周围环境中的各种因素积极互动；通过组织，还可以把功能和内部空间需求与外在形式进行匹配，设定流线，将使用者的体验与物质、空间相结合。建筑形式的组织方式需要符合整体性、目的性、稳定性和开放性要求。

在组织方式上进行变化，是当代建筑形式差异化的重要方面。相对于形式要素类型和形式要素特征的差异化，组织差异化有时显得更为困难，需要更多的思辨和平衡各因素的技巧。如果已经在要素类型和要素特征上进行变化，继续在形式组织上变化，通常会显得过于复杂而难以控制。这就形成了当代建筑形式中的一些现象：在要素类型和特征上较为单纯，组织上繁密；抑或相反，组织上较为简单，凸显要素类型或特征。个别建筑师在要素特征和组织上都进行较大的变化而取得成功，展现出高超的造型能力和组织能力。

3.1　数量组织

单个还是多个？这个看似极其简单的问题，却成为形式设计中影响很大的关键性因素。甚至可以说，这是形式组织中最重要的决策之一。

本小节在组织层面上分析建筑形式要素的数量关系。数量组织主要关注主要形式要素的数量，如体块的数量。本书对 406 个地标建筑案例进行归类，其中，建筑体块为一个整体或有局部分离、大部分仍相连的有 370 个，而体块与形式要素彼此分离为 2 个以上或各部分只有很少量连接体的有 36 个。一些差异性很大的案例，首先从形式要素数量上与最大量的案例区别开。

在此基础上可以区分以下类别和层次：
多个、单个、双、三或三以上、3 ～ 9 个、超过个位数。这些小类可以按照它们之间差异性的大小形成层级关系：多个与单个的差异是几个特征中差异最显著的，因此作为第一个层级，之后，"多个"特征还可以继续分为"双、三或三以上"，形成第二层级，"三或三以上"又可以分为第三层级，即"3～9个"与"超过个位数"（众多）。参见图 3.1.1。

当代建筑中数量组织的差异化主要集中在以下 3 个方面：

1）多合一
单个是最大量的，应该说也是最平常的。但是也出现了以单个数量取得差异性的案例。主要的变化来自于把原来常识中认为是多个不同的部分进行合并，形成异乎寻常的巨大体量，以其巨大尺度和非常整体性的处理博取关注。

2）特定情况下，"双"也是有差异的
多合一，是超大型公共空间的整合；一分为众多，是在公共空间中建立起个人领域。两者都是在当代背景下，处理公共性与个体性的关系。而"双"，特别是双塔案例，大多是出于商业地标和城市形象的考虑，还与相似、重复的组织方式密切相关，有时双塔的对称属性还与城市轴线相对应。

3）一分为众多
众多（超过个位数）数量是引人注目的。多个体块之间的多种关系可以带来视觉丰富性和趣味性。

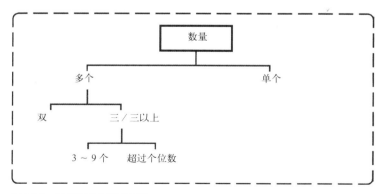

图 3.1.1　数量组织分类示意图

▲当代建筑中数量组织的差异化主要集中在以下 3 个方面：
1）多合一；
2）特定情况下，"双"也是有差异的；
3）一分为众多。

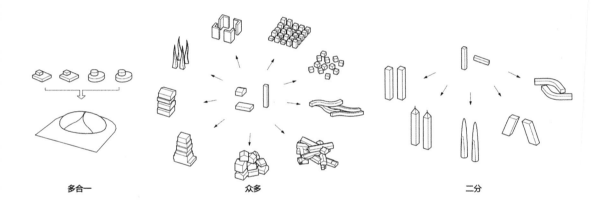

图 3.1.2　数量组织差异化可能性分析

数量组织差异化案例分析：

"多合一"案例

北京国家大剧院主体建筑 10.5 万平方米，地下附属设施 6 万平方米。内部包含歌剧院、音乐厅、戏剧场和小剧场，是亚洲最大的剧院综合体。

国家大剧院外部为钢结构壳体，呈半椭球形。将上述 4 个功能体块包裹在内部，从外部看，只有单一主体块。体块数量的"多合一"是一种化繁为简、凸显单一主体的外观策略。在造型的整体性方面优势明显。

相对于周围环境和其他建筑物，设计案例为"主角"时，宜将多个功能体块整合为单一主体。反之，体块的碎片化，是一种融入周围环境的姿态。这时，周围环境和其他建筑物是参照系。大体量建筑合为一个单一整体之后，其超常的尺度感具有视觉震撼力，体块尺寸上也将获得差异性。

国家大剧院南、西两侧是小尺度道路和院落住宅，北侧是长安街这样的超大尺度道路，东侧是超大尺度建筑——人民大会堂。院落住宅模式是北京古代历史的建筑代表，长安街和人民大会堂是 20 世纪 50、60 年代的代表，国家大剧院需要成为新世纪国家级建筑的代表，因此它将同人民大会堂一样是主角，是超大尺度的，不能变为多个体块的中等尺度建筑，这将与院落住宅这样的城市背景混淆。但是，将如此巨大的建筑与传统院落住宅毗邻布局，在规划上如何衔接，似乎考虑不足。

图 3.1.3　北京国家大剧院

二分案例

二分案例主要来自于双塔。通常情况下，超高层塔楼为了追求更高的高度和纤细效果，通常为单体。

对称双塔形式是数量为2时的重要样式，因为纽约世贸中心的成功而全球推广，也因为纽约世贸中心的倒塌而日渐式微。吉隆坡双子塔、迪拜媒体城（Al Kazim Towers）等是典型的双塔造型。西班牙马德里的欧洲门，有两个相对倾斜而又分离的塔楼。"两个"即数量组织；而"倾斜"是描述塔楼体块的方向，本书中归入与地面的位置关系；"分离"则属于拓扑关系。

以上案例揭示了双塔模式的3类主要设计目的：
1）强调外部空间轴线，两者对称，彼此拉开一定距离且相互呼应；
2）对称、紧邻的双塔以造型的相似性吸引眼球——人们对"双胞胎"总是很敏感；
3）两个分开的体块以特殊的位置关系、拓扑关系相组合，凸显相似之中的组合变化。

三塔乃至四塔形式较为罕见，如果此时出于功能考虑将多个塔楼分散布局，则难以形成特殊造型的整体力度；如果数个塔楼通过位置关系、形状呼应等手段仍能形成强有力的整体，则仍然可以成为地标。这方面典型案例是法国国家图书馆：4座L形的塔楼被整合成一个更大的整体，如同4本大书镇守四角，围合出一个巨大的庭院空间。

图3.1.4　西班牙马德里欧洲门

图 3.1.5　部分双塔案例：左起为摩洛哥卡萨布兰卡双塔中心，阿联酋迪拜 Al Fattan Marine Towers，迪拜媒体城（Al Kazim Towers），吉隆坡双子塔

图 3.1.6　法国巴黎国家图书馆（左）
图 3.1.7　法国巴黎国家图书馆航拍（右）

众多体块案例

众多体块可以蕴含繁多丰富的造型变化，可以因重复而富于节奏感，因渐变而富于变化，然而组织众多的建筑体块也将面临不少困难：在个体体块形态处理、众多体块组合方式乃至内部功能安排、流线组织方面都将带来挑战。

澳大利亚墨尔本联邦广场整个建筑由 13 个体块组成。有完全分离的体块，也有组合的体块，组合体块中有直接咬合相连（并置连接）的，也有通过连接体相连的。整个建筑群展现了多种关系，也可以被认为是澳洲地形、岩石地貌的象征。在广场的铺装图案中，澳洲地图元素也被融合其中。

形式要素数量众多时，形式要素的其他特征和组织方式需要进行相应的匹配，此时，数量组织是形式设计的先导，决定了设计的方向。

图 3.1.8　澳大利亚墨尔本联邦广场

众多体块的极端案例：德国柏林犹太人大屠杀纪念碑

它虽然不是一个严格意义上的建筑，但在体块数量上，该案例达到了极致。

整个纪念碑（碑群）占地 1.9 万平方米，纪念碑群体由灰色混凝土碑柱组成，总数达到了惊人的 2700 余根。最高的 4.7 米，最低的不到半米。从远处望去，灰色的混凝土碑如同一片波涛起伏的石林，更准确地说，是一片坟场，一片墓地。地下档案展览馆位于这一片"墓地"的下面。

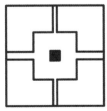 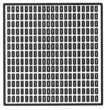

图 3.1.9　德国柏林犹太人大屠杀纪念碑（左上）
图 3.1.10　德国柏林犹太人大屠杀纪念碑局部（右上）
图 3.1.11　德国柏林犹太人大屠杀纪念碑分析（左为常规纪念碑布局，右为本案例布局）（下）

　　这样的设计策略与常规纪念碑有两点明显差异：

　　1）数量极多的小体量纪念碑群体占据整个场地，而不是以一个集中的大体量纪念性建筑占据场地中心。生命个体得以凸显，而不是被大一统的群体纪念性所代替。

　　2）数千个抽象的混凝土长方体如同棺材置于地面，参观者步入其间，而非仅仅如通常那样在外部瞻仰纪念碑。参观者在内部无数纵横交错路径中的体验成为设计者高度关注的设计要素。

　　体块数量的极端化与对设计场地的态度直接相关，常规的纪念碑或纪念馆将周边场地当成园林或公园，纪念碑或纪念馆本身则是这个公园的一个标志物。整个纪念公园的场地越靠近纪念碑（馆）的地方，"纪念"意味越浓厚，在边缘地带则越放松闲适。

　　建筑师彼得·艾森曼这次将地段完全占满，不再有突出高耸的单一标志，大一统的纪念性被众多个体化的悲剧故事所替代，场地的每个角落都充满了压抑、迷失、沉重的氛围，以及在混凝土碑林中穿行，不经意间突然遇见陌生人时的惊诧。

　　这样的构思一定程度上也化解了一个最大的难题：单一纪念碑的造型设计问题——设计一个能够被大多数人认可，且具有高度象征意义和纪念意味的形象，具有极高的难度。

3.2 虚实组织

虚实问题在中外绘画中早已是具体而明确的。众所周知，国画创作和书法创作就十分注意形体或笔墨之间留下的空白形状。但由于虚实的具体表现样式多种多样，使得问题的讨论变得困难。何为虚，虚形是什么？何为实，实形是什么？

虚实在视觉认知心理学中的相关研究

与虚实问题密切联系的"图—底关系"问题由格式塔心理学派进行了较为全面的系统研究。其中一些被总结成认知规律，例如："凡是被封闭的面，都容易被看成是'图'，而封闭这个面的另一个面总是被看成是'基底'。在特定条件下，面积较小的面总是被看成是图，而面积较大的面总是被看成底。[6]302"而另外一些情形也被提及：

● 凸起来的样式容易被看成是图，凹进则容易被看成是底。

● 具有简单视觉结构的样式容易被看成是图。

● 较暖的色彩容易被看作是图，较冷的色彩看起来离观察者远一些，容易被看成是底。

● 材料质地较为密集、坚实的容易被看成是图，质地松散或者缺乏质感的容易被看成是底。

图底关系中的"图"常常被认为是"实"，而"底"被认为"虚"。图形是积极的，基底是相对是消极的。

这些规律不能僵化理解。例如，在英国著名雕塑家亨利·摩尔的作品中，负形空洞似乎被转化为正的成分，虚形与实形同样重要，甚至更引人注目。在亨利·摩尔的许多作品中，凹入、孔洞与突起的实体具有同样的力度，绝不是消极的存在。躯体的凹陷与部分缺失，引发了异样的思索和美感。凸显了虚形的价值。必须注意到，在不同的艺术样式和形态中，虚实常常相互依存、相互转化。

图 3.2.1 　亨利·摩尔的雕塑作品

另外，艺术心理学家阿恩海姆还注意到图底关系的多层次性。他说："我们最好是把图形和基底这两个字眼去掉，把它们改称为分布在不同（空间）深度层次上的式样。[6]308"很多情况下，这种层次多于两层。此时，人们的认知如何？

阿恩海姆举了一个例子，在一个方形中再画一个圆形，第一种理解：把封闭圆形看作是正方形上方的图，而把正方形看作是空白纸上的另一个图。"实际视觉经验正好相反，我们看到的仅仅是一个中间有一个圆孔的正方形。[6]309"阿恩海姆对此的解释是，我们的视觉服从于经济原理："在一个特定的式样中，其深度层次的数目，总是尽量减少到最低限度。[6]309"第一种理解里有三个层次，而第二种理解里只有两个层次。

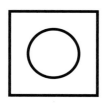

图 3.2.2　方形中的圆形

建筑形式中的虚实问题

建筑中的虚实问题在古典建筑中常出现在立面设计中。例如，建筑外侧的柱廊将柱子本身视为实体，而凹入的空间为虚；在立面开窗设计中，以墙面为实，窗洞口为虚。两者都形成了均匀的虚实间隔与组合。

现代建筑运动中，在风格派和赛维所谓"四维分解法"的影响下，出现了非均匀的"大虚大实"的处理：体块被拆解为板片，某些板片被整体替换为玻璃幕墙；板片在转角处被打开，形成转角窗或落地窗，或是在板片上切出巨大的窗洞。

在当代建筑中，虚实组织已经超越立面和房间的层次，进入到建筑整体乃至环境整体的层次上，表现为 4 方面的变化：

1）镂空虚形（洞口）不再只是应用在柱廊和开窗上，而是出现在对建筑整个体块的处理之中。

▲在当代建筑中，虚实组织已进入到建筑整体乃至环境整体的层次上：
1）镂空虚形（洞口）出现在对建筑整个体块的处理之中。
2）整体造型层次上的大悬挑与架空。
3）建筑为实，环境为虚。
4）通过材料与光影，建筑整体虚化。

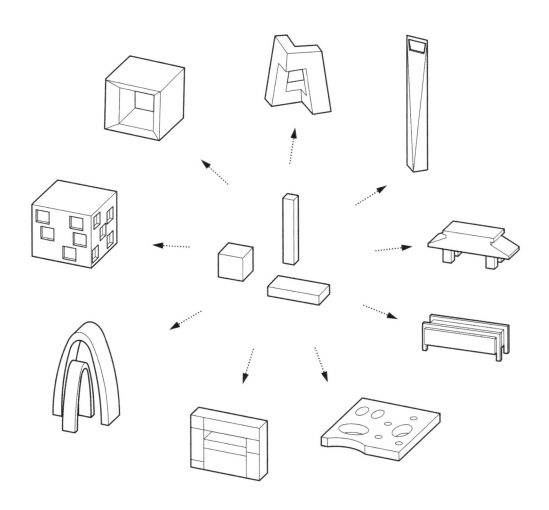

图 3.2.3　虚实组织差异化可能性分析

2）整体造型层次上的大悬挑与架空。这延续和发展了柯布西耶提倡的底层架空思维，带来了上实下虚、举重若轻、轻盈飘逸的视觉效果。

3）建筑为实，环境为虚。建筑与自然通过虚实组织进行互动。

4）通过材料与光影，建筑整体虚化。包括巨大透明体量的虚化、利用水面倒影的虚化，以及反光表皮的虚幻影像。

■ 镂空虚形

引入认知心理学的视角，可以讨论虚实组织差异化的第 1 种情况：实形整体中包含镂空虚形。

Wolf Andalue 住宅中，立面出现了多个深深凹入的方形洞口，一个原本封闭结实的立方体因此与环境、与景观、与天空取得了若干互动。值得注意的是，这些洞口有意打破了水平楼层的界限，分布在整个体块上。

而下面 3 个建筑案例更是将镂空虚形推到了巨大尺度的体量之中，而且是完全镂空穿透。巴黎德方斯大拱门和央视新主楼是在巨大体块中切挖出镂空虚形的典型案例。而作为居住建筑，米拉多住宅楼的空中大洞口被进一步赋予了空中景观平台的使用功能。

3 个案例中的大空洞作为虚形，强有力地参与到造型之中。依据上述对于图底关系视觉层次的理解，此时，在视觉上，镂空虚形并没有与外围建筑实体分离，而是合在一起被视为一个复合图形。

虚形嵌入实体，孔洞纳入造型。实形整体中引入虚形是一种虚实组织上的变化，实形与虚形的互动使得这种复合图形具有了单一实形所不具备的视觉吸引力。

图 3.2.4　Wolf Andalue 住宅（左上）
图 3.2.5　巴黎德方斯大拱门（右上）
图 3.2.6　中国 CCTV 新台址（左下）
图 3.2.7　MVRDV 设计米拉多住宅楼（右下）

■ 悬挑与架空

建筑整体或局部体量悬挑或架空，使得虚形（空间或广场）出现在体量的下部，形成所谓的架空虚形。与上述镂空虚形有所不同：镂空虚形在体块中上部造成空洞和虚形，架空虚形则强调厚重体块被架空，或是上部体块悬挑，在下部造成架空后的空间（虚形）。

江户东京博物馆、西班牙巴塞罗那论坛大厦、圣保罗艺术博物馆的共同特征之一是底部架空，形成入口广场或吸纳环境的空地。架空相对于落地建造，将带来造价的增加、结构设计的复杂性、维护成本的增加，但形成与底部广场、周边环境的对话与互动，也增加了建筑体块举重若轻之感。

图 3.2.8　江户东京博物馆（左上）
图 3.2.9　巴西圣保罗艺术博物馆（左下）
图 3.2.10　西班牙巴塞罗那论坛大厦（右上）
图 3.2.11　西班牙巴塞罗那论坛大厦俯瞰（右下）

■ 环境与建筑的虚实互动

虚实组织差异化的第 3 种情况中，虚形更多意味着环境与自然，在与实形的组合中，它们被纳入建筑之中，获得了人造物与自然界的互动。

由安藤忠雄设计的青森当代艺术中心，约三分之二的圆形平面被建筑实体和硬质材料铺装占据，三分之一是水面，缺口朝向外部森林环境。此时，虚形与实形共同构成了一个理想的圆形：一种东方式的圆满，表达了人与自然的平衡、建筑吸纳环境、彼此融合的状态。

■ 通过材料与光影，建筑整体虚化

1）倒影虚形
上述青森当代艺术中心案例中的水面倒影，将起到倒影虚形的效果。中国国家大剧院在表达"水上明珠"这个概念时，也必须借助倒影虚形，和建筑实体表面的透明性与反光性一起，共同制造一种合二为一的圆满幻象。国家大剧院的水池成为必不可少的形式要素：尽管是一个以虚形存在的要素。

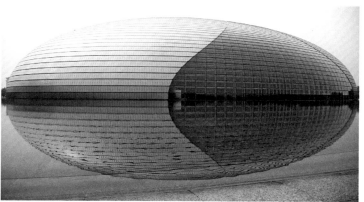

图 3.2.12 青森（Aomori）当代艺术中心俯瞰及平面图（左）
图 3.2.13 中国国家大剧院与水中倒影（右）

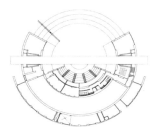

图 3.2.14　芝加哥雕塑云门（上）
图 3.2.15　芝加哥雕塑云门内部（下）

在位置关系上,这个虚幻的体块(水体)将建筑实体围合其中。建筑并不居于水面正中,而是偏于南侧,留出北部观众通道的心理长度。水面实际上不直接与实体衔接,而是留出一个环形沟槽,但从通常人的视点来看,两者直接相接,有水与建筑浑然一色的效果。

动静感方面,建筑体块为静态,水面为起伏波动状态,真正的动态。形成一静一动之效果。水面之动更带来以些许虚幻缥缈的感觉。试想,如果没有如此之大的水面化解这巨大体量,势必对周围环境产生压迫感。在此意义上,水面的倒影虚化可视为与环境协调的一种手段。

2)巨大透明体量的虚化

全玻璃幕墙的摩天大楼是巨大透明体量虚化的代表。20世纪20年代,密斯提供了这种变化的原型。时至今日,由于此类摩天楼的快速兴建,似乎其差异性和个性都在降低。但与通常尺度和不透明外墙的建筑相比,巨大体量的透明和虚化仍然显示出不同的气质。如果在表皮设计中进一步综合透明、反光与色彩的处理,可以使这个类型焕发出新的活力。本书重点研究形体,对此不再展开。

3)反光幻像

位于美国芝加哥千禧公园的雕塑“云门”,是艺术家 Anish Kapoor 的作品。除了运用圆环状特殊几何体实形,体块弯曲上拱,在下部形成了镂空虚形,环状体中空朝向天空开放,也是另一方向上的镂空虚形。圆环状实形的表面是高反光材料,将周围环境的影像映射其上,进入中心孔洞的下方,人们自身的影像被拉伸变形,仿佛也要被吸入那无尽的天空中。反光材料的镜像在此被赋予一种哲学意味,成为我们对自身所处环境的另类审视。

通过本小节的案例分析,可以看出建筑形式的虚实组织是形式处理的重要方面,也是可以发生形式差异化的重要方面。实形是建筑体块、构架或板片的实体形状;而虚形则是指由于实体空缺,留出的外部空间(非建筑室内空间),亦或是实体表面形成的虚幻影像、其他媒介中的虚幻影响,如水中倒影。

实形与虚形同样重要,大多数案例只使用实形时,为获得差异化效果,可以运用虚形。虚形的大致分类如下:

1)镂空虚形;2)架空虚形;3)倒影虚形;4)反射虚形。

3.3 对比关系

对比是大多数艺术作品中都存在的一种形式组织技巧。通过对比，把一件作品中相对重要的东西从其他东西中区分、强调出来。对比，提供了视觉焦点、强化了主题表达、突出了主要的理解线索。

运用对比特征是表现戏剧化矛盾和差异性的表现手法，可以展现造型的内在矛盾与张力。如果没有对比，那么视觉体验就会变得单调无味，缺乏视觉艺术效果和感染力。[5]82

对比的手法在多种艺术类型中均有应用，是重要的修辞和表现手法。对比可以在多个方面进行。在绘画作品和建筑中，尺寸、方向、形状、位置、明暗、质感和色彩等都可以成为施展对比的领域。强调对比与强调作品中的变化有密切联系，可以说，对比是一种有针对性的、表达二元对立的一种主动的变化。我们把差异强烈的要素相邻并列，大与小、轻与重、动与静、高与低、虚与实、尖锐与光滑、明与暗等二元关系产生强烈的戏剧化效果。

举例来说，在澳大利亚悉尼澳洲广场大厦造型中，主要体块为圆柱体。其轮廓形状属于基本几何形中的圆柱体，不包含其他的对比形状。同样位于悉尼的奇夫利大厦，主体造型包含长方体、柱面体。其轮廓形状分别属于基本几何形——长方体，以及基本几何形——圆柱体，形成基本直棱体和基本单向弯曲曲面体的对比特征组合。

图 3.3.1   悉尼澳洲广场大厦（左）
图 3.3.2   悉尼奇夫利大厦（右）

常规造型原则中出于协调、统一的考虑，不运用对比特征或是只运用较少的对比特征，缺少差异性。

在当代建筑中，表达戏剧化冲突和激情的对比在很多时候代替了相似和统一。多维度、多层次的对比代替了简单化的对比。多种因素戏剧化的对比和不同性格的空间彼此直接对话。

多维度、多层次对比的案例

位于印度孟买尼赫鲁科学中心（Nehru Center of Science）1977 年落成，由印度建筑师 J·M·Kadri 设计，主要包括基座和上部塔楼两个主体块。

由于此案例中裙房规模比塔楼更大，建筑师将其设计为楔形不规则多边形，属于特殊几何体，好像一个基座，似乎成为地形和环境的一部分。裙房屋面有长坡道，可从地面直接走到裙房屋面上。顶部塔楼以圆柱体为基础，是基本几何体，独立区别于周围环境，其外表面有精巧的斜纹构架，划分出众多细分表面和孔洞。

可以看出，在形式要素形状特征上，该案例同时运用了特殊几何形与基本几何形两种对比特征。在形式要素类型上，圆柱体体块的圆柱表面转化为斜纹编织的构架，而基座（裙房）部分仍以体块为主，形成要素类型的对比。同样，在表面次分形态上（质感），圆柱体表面转化为斜纹编织的构架的同时，也对圆柱体表面进行了细分，而基座（裙房）部分的体块在上部作了梯田状的分楼层处理，可认为只有很少的次分面。在对称性方面，圆柱体为中心轴对称，而基座（裙房）部分的体块为非对称，同样也是对比关系。

图 3.3.3　孟买尼赫鲁科学中心（左）
图 3.3.4　孟买尼赫鲁科学中心航拍（右）

可以看出，把造型分为塔楼和基座两部分后，在多个维度上分别运用了对比的组织手段，将彼此对比的特点匹配给造型的不同部分之后，造型整体增加了醒目程度。这提示出，让更有差异性的特征（对比的特征）包容在同一个造型之中，可以获得更为鲜明的形式效果。当然，将相反趋势的特征统一在一个整体中，本身也需要很高的造型技巧，更具反差的造型特征需要协调地整合在同一个建筑中，也常常伴随着较高的设计难度。

图 3.3.5　孟买尼赫鲁科学中心近景

勒·柯布西耶设计的朗香教堂是现代建筑史的经典案例，从本书角度，也是运用对比特征的重要案例。

该造型包含 6 个部分。其中有 5 个是包含使用空间的体块：教堂主要大空间体块和 4 个近似半圆柱的塔状体块。剩下的屋顶部分为厚重的板片，内部虽有结构空腔，但不包含可用的功能空间。

从形式要素类别来看，该造型以体块为主，板片为辅，同时隐晦地使用构架。5个包含使用空间的部分为体块，而屋顶构件为板片。在屋面出挑的部分，屋顶厚板片与下部主要体块彼此分离，狭小的水平缝隙中隐现垂直支撑构架。体块、板片和构架

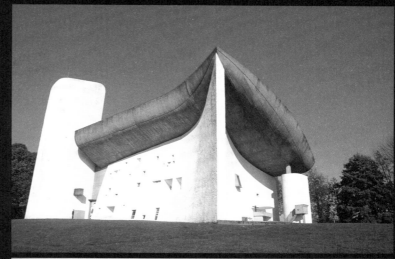

图 3.3.6 朗香教堂，靠近主入口
方向屋面悬挑，下部体块在角部
拆解为板片（上）
图 3.3.7 朗香教堂，朝向室外仪
式场所的立面（中）
图 3.3.8 朗香教堂，背向主入口
方向屋面不再悬挑，下部体块较
为封闭（下）

3 个特征同时运用，虽然主次不同，但形成了一定的要素类型对比。

　　另一方面，该案例突破了体块、板片和构架的常规感观，某些角度看起来是封闭结实的体块，在另外的角度则被拆解成板片，不再完整、封闭，具有一定的开放性。悬挑的屋面板片向下弯曲凸出，显得异常厚重，不再如同常规板片那样轻薄延展。构架原本的通透、空灵也被压抑隐蔽起来，仅仅通过缝隙和洞口可见，隐晦地表达构架的结构意义。形式要素类别的对比产生鲜明的视觉效果，而反常规的要素视觉感受又给人以陌生感，还有些许怪异与神秘。

　　从分合状态与拓扑关系的角度，6 个部分之间作了细致而特殊的处理。主入口两个立面上，屋顶与下部墙体大部分分离，但分离状态只是一条缝隙，有极少量隐蔽的框架柱支撑屋顶。在另外两个立面上，墙体升高变为女儿墙，使得屋顶与墙体连接在一起。同一个屋顶既有大挑檐表现奇特的细缝分离，又有女儿墙内敛含蓄的做法，是较罕见的处理。

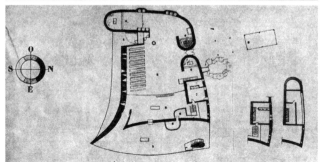

图 3.3.9　朗香教堂模型分析（1 为教堂主要空间体块，2 ～ 5 为近半圆柱塔状体块，6 为屋顶厚板片）（上）
图 3.3.10　朗香教堂早期方案平面图（下）

而 4 个半圆柱塔状体中的 3 个与教堂主要体块的相结合，另一个分离开去，通过一根独立柱（构架）与屋顶相连。结合与分离的方式同样不寻常。

4 个半圆柱塔状体与教堂主要体块组合方式

图 3.3.11 分析了朗香教堂平面中 4 个半圆柱塔状体与教堂主要体块组合的过程。（a）图中，较小的实线梯形是主要的空间体块，较大的虚线梯形是屋面厚板片投影，两者作为基础形状。（b）图显示出，两个梯形的一个角部被拉伸变形弯曲，在此过程中，角部变得尖锐、变得更高耸，墙面变得内凹，屋面变得外凸。与此同时，对角线方向处，转角通过倒圆角处理变得圆润连续。有 4 个半圆柱塔状体参与体块组合。（c）图显示组合的部位分别位于基础梯形的另一对角线上和一条直边上。（d）图中，4 个半圆柱的直边拆解出去，转换为曲面板，经过变形的主要空间的墙体也拆解开，彼此分离，除了屋顶厚板，主空间体块的四面墙体变形拆解后与 3 个同样拆解后的半圆柱体块完成了墙体融合。

拆解融合的过程可抽象为图 3.3.12，其中，正方体和圆柱体的一部分可以拆解为板片，通过同样厚度的平板和曲面板相接进行组合，这是一种特殊的转换组合方式，即参与组合的若干元素局部降解为下一类别的元素并进行融合。这个过程中，注重体块与板片相互转化。围合体块的墙体（此时可视为板片），再在平面中进行墙体融合，这区别于大多数建筑体块直接连接的情况。3 个光线塔在顶部又与主要墙体分离，呈现出独立体块感。

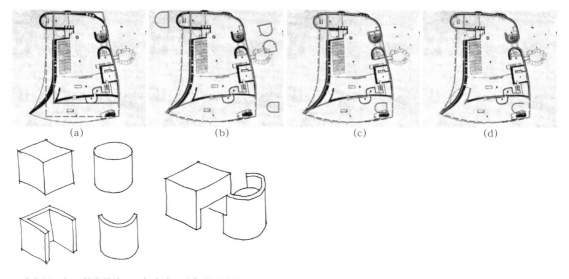

(a)　　　　　　　(b)　　　　　　　(c)　　　　　　　(d)

图 3.3.11　朗香教堂体块平面组合步骤分析图（上）
图 3.3.12　体块部分拆解为板片相互融合示意图（下）

图 3.3.13　从巨柱改为半圆柱体
块与隐晦的细柱

分离的半圆柱塔状体与屋顶的结合方式

4 个塔状体中剩余一个较矮的半圆柱没有与主要空间墙体融合，而是置于外侧屋顶之下，通过一个独立柱子（构架）与屋顶板块相连。

仔细观察朗香教堂早期方案可以看出，第 4 个半圆柱原本没有，那个位置原本是一根粗大的长梭形平面巨柱[54]。这个巨柱从结构和视觉上托举沉重的悬挑屋面，但这个巨柱成为构架的夸张表现，与整体结构中构架的消隐逻辑相抵触，是一个不佳的造型元素。在后续的修改中，设计者意识到这个问题，并且巧妙地增加第 4 个矮半圆柱体块，而将巨柱大大缩小，退隐在板片化的半圆柱之后，与其他构架的视觉效果一致——构架只作为板片之间的隐晦支撑。

第 4 个半圆柱体的引入，也与其他 3 个凸出屋面的塔状体产生高度和形态的对比——高与低两种逆反特征相对比。最高的与最低的半圆柱塔分别出现在对角线方向。而如前述，平面中变形的尖锐角部与导圆角处出现在另一对角方向上。

可以发现该案例中，效果逆反的对比特征分布在尽可能大的空间范围内，即对角线方向上，由此可以归纳出在较小体量的建筑中运用对比的对角线法则。正是这一手法使得朗香教堂四个立面迥异，形态变化多端，却又有内在联系。屋面向南面和东面悬挑（形成架空虚形），在北侧和西侧则包围在女儿墙内（突出墙面实形），这同样是运用特征对比的对角线法则。

这一造型技巧可归纳为：将反差最大的造型特征在形体的最大范围中进行最有强度的组合。

另外，该案例中，对比的运用还表现在以下多个方面：

4 个半圆柱体块围绕主空间体块分布：3 个圆柱体块中的两个背靠背在主空间体块长边上融合连接，一个在角部融合连接，另一个半圆柱体块位于对角，与主空间体块分离。形成边与角的位置关系对比。

屋顶体块位于主空间上方，覆盖一个最小最矮的圆柱体块，其余 3 个圆柱体块顶部高于屋顶体块，凸出于屋面之上。形成上下位置关系对比，以及长短几何尺寸对比。

轮廓形状方面，4 个半圆柱体是基于基本几何体；而主空间的体块是内凹与外凸墙面组合的特殊几何体中的复杂曲面；屋顶是复杂曲面体，向下突出，有船底的造型意象。主空间体块和屋顶组成复杂曲面复合体，与其余 4 个半圆柱基本几何体形成对比。

对称性方面，主要空间体块和屋面板不对称。其余 4 个基于半圆柱体体块为对称体。形成不同部分的对比。

质感和透明度上，6 个部分均不透明。但水平的屋顶为深色，其余竖直体块为浅色。

动势方面，水平延伸悬挑的屋面带来动态，墙面和屋面尖端交汇，在水平延伸动势的基础上增加局部倾斜向上的动势；3 个突出于屋面的光线塔提供垂直向上的动势；立面上大幅度内凹，屋顶外翻，形成凹凸进退的动势。

除了在体量的最大范围内运用对比，朗香教堂还在局部进一步作小范围的特征对比。例如：

主要空间体块在长方体基础上，分别有两个内凹墙面和两个外凸墙面形成对比。而屋顶厚板片与下部主体块形成对比。

主入口附近的外墙内凹弯曲，似乎存在受屋顶压迫之后变形下降的趋势。厚重屋面倾斜并在高端形成尖锐斜向上的动势，适度抵消了屋顶的沉重感。

东侧朝向室外小广场的内凹外墙，局部突出一个挑台，也形成内凹与外凸的特征对比。

屋顶板片从中心的厚重到边缘变得轻薄；南侧外墙厚度剧烈变化，带来从厚重到轻薄尖锐的连续演变。

可以说，朗香教堂在形式组合中用足了对比。在多个维度中运用复杂多样的对比，显示出很高的造型技巧。加上前述体块、板片和构架的反常规视觉效果，以及三者的显隐与融合方式，使得该案例的形式组合精彩而耐人寻味。

本小节讨论的对比组织方式，可以用于形式组合的各方面——形式要素类型、要素特征、除对比组织之外的其他组织方式以及形式效果。各方面的对比形成综合的效果，让建筑形式给人留下深刻印象。

3.4　位置关系与拓扑关系

位置关系是多个形式要素之间的重要关系，它描述了形式要素的空间分布。位置关系中很重要的一部分可称之为"方位关系"，例如：上／中／下、前／后、平行／垂直。另外，还有一部分位置关系描述了形式要素的拓扑关系，即围合、嵌套、相交、咬合、分离等。两类位置关系的界限有时比较模糊，可以统称位置关系，但在需要强调形体间的拓扑关系，或者拓扑问题本来就是形式处理的一个出发点时，我们可以单独运用拓扑关系这个术语。

需要指出，位置关系的判断，特别是方位关系的判读，取决于观看和设计建筑物时的不同视角。从立面方位和平面方位两个视角去考察，就是两类很不相同的视觉，而在平面上去判断形式要素之间的方位关系时，也会因为所处位置的不同，得出不同的结论。而这两个视角本身也构成两个方位体系：形式要素可以在垂直高度上，即立面方位上分布，也可以在平面范围内，即平面方位内分布。位置关系中的拓扑关系的判断较少受到观看视角的影响，相对比较客观。

本小节多个案例展现了当代建筑在位置关系上发生的变化，归结起来，这些变化大致有两个倾向：

1）在方位关系上，从常规平面分布走向垂直竖向分布，以及更为复杂的自由空间分布。此时功能和空间也将在多向度上分布，结构组织逻辑也可能会因此受到挑战。

2）在拓扑关系上，从常规的分离、连接体连接或简单临近并置的关系，转向较为复杂的围合、嵌套、咬合。虚形也被纳入到这种拓扑关系的组织之中。

▲在方位关系上，从常规平面分布走向垂直竖向
分布，以及更为复杂的自由空间分布。
在拓扑关系上，转向较为复杂的围合、嵌套、咬合。
虚形也被纳入到这种拓扑关系的组织之中。

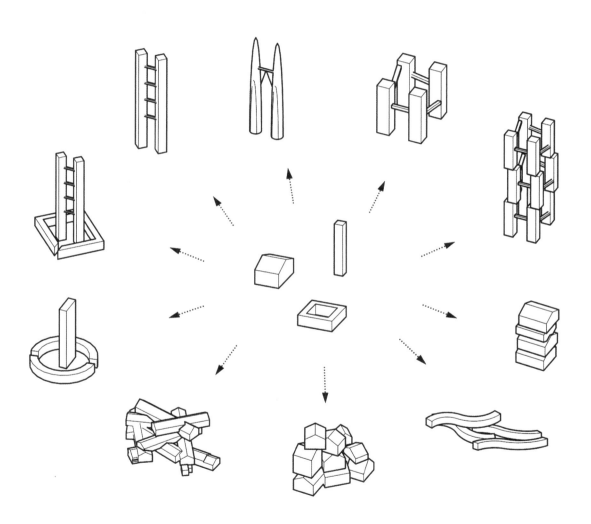

图 3.4.1　位置关系和拓扑关系（分合、连接）差异化可能性分析

方位关系案例分析

与在水平方向布置形式要素相比，在垂直方向上的布置属于位置关系组织的差异化。

由赫佐格与德穆隆事务所设计的 Vitra-haus 家具展厅由 10 余个坡顶长条形体块，在垂直方向上叠摞、咬合而成，平面上角度随机，体块特殊的位置关系和拓扑关系成为该案例主要的形式差异点。

日本建筑师藤本壮介设计的堆积木住宅，运用类似的小房子单元在垂直方向自由搭建，仅此手法就形成了极大差异性，令人印象深刻。随后的垂直交通组织也变得与众不同，入户体验变得如同登山。

在更大规模的建筑中同样可以采取类似手法。摩洛哥卡萨布兰卡科技园的造型分离为 2 个以上的部分，各体块之间只有少量连接体。一部分体块在平面上分布，另一部分体块架空，位于横卧体块之上，上下位置相叠，中间连接体很少。这个案例中，体块架空、上下相叠是一种差异化的位置关系。

图 3.4.3　堆积木之东京公寓，藤本壮介设计

图 3.4.2　Vitra-haus 家具展厅（上）
图 3.4.4　摩洛哥卡萨布兰卡科技园（下）

延续这种思路，可以在位置关系组织上进行更为大胆的形式变化：将体量分为不同的部分，在空间中形成更为复杂的垂直与水平位置关系，产生不同方向的动力对比，形成整体的动势张力。北德意志银行大厦即展现了这样的可能性，在高层建筑中属于较有差异性的一类。此案例中，位置关系的处理已经与数量组织、动势（动感）效果相互匹配，产生合力。

拓扑关系案例分析

阿根廷布宜诺斯艾利斯法罗大厦，双塔是两个主体块，双塔在平面上略呈一定角度，主要部分分离，仅通过空中的 4 个连廊（连接体）相连。作为办公楼，通过这种连接进行拓扑关系的表现，显得较为谨慎、节制，仅仅是一种基于双塔模式的较小变化。

新加坡金沙赌场酒店在三座分离塔楼的顶部用一个夸张的船型相连，是在拓扑关系上的夸张表演和变化，符合其赌场和商业建筑的性质。仔细观察，顶部的船型连接体与塔楼主体块并不直接相连，而是通过构架连接。单个塔楼的主体块还垂直分为两个分体块，分体块在下部分离，加入中庭空间。入口部分运用了构架造型。这一系列的形式要素类型、特征和组织手段，塑造了张扬的外形，商业气息浓重。

图 3.4.5　北德意志银行大厦（左）
图 3.4.6　阿根廷布宜诺斯艾利斯法罗大厦 Torres El Faro（中）
图 3.4.7　新加坡金莎赌场附属酒店（右）

图 3.4.8　新加坡金沙赌场附属酒店近景（上）
图 3.4.9　蒙特利尔住宅（栖息地 67 号）（下）

图 3.4.10　法兰西广播电台（上）
图 3.4.11　中国 CCTV 新台址（中）
图 3.4.12　蒙特利尔住宅的花园平台（下）

位于巴黎的法兰西广播电台，圆环体块中间围合了一个长方体塔楼，是典型的平面中围合嵌套的位置关系，也是一种特殊的拓扑关系。只不过，外围部分和内部被围合的体块均为实形，与 3.2 节中 CCTV 新主楼、巴黎德方斯大门中间被围合的虚形镂空有所不同。

央视新主楼中弯折闭合的实形，围合出中间的虚空：镂空虚形被围合在实形之中。在几何学中这种包围关系也是一种拓扑关系。中国认知心理学家陈霖在 1982 年提出了视觉拓扑理论[25]，即视觉处理的早期阶段提取和检视的图形是大范围的、整体的拓扑性质，之后才处理图形的局部特征。他设计了下面的实验：用速视器呈现出成对的图形。图 3.4.13 中，有实心的正方形与圆盘、实形的三角形与圆盘以及空心圆环与实心圆盘。每对图形呈现时间仅有 5 毫秒，要求被试者判断两个图形的异同。

实验结果显示，被试者将圆环和圆盘报告为不同的最多（64.5%），而报告正方形和圆盘不同的比较少（43.5%），而报告三角形和圆盘不同的最少（38.5%）。实验的图形材料中，实心的正方形、三角形和圆盘在拓扑性质上可归入一类，而圆盘与圆环虽然外轮廓都是圆，直觉上常常被分为一类，但在拓扑性质上两者却不同。实验结果说明，被试者在视觉早期阶段判断异同的标准倾向于拓扑性质是否等价。陈霖在进一步实验中还发现，连通性、封闭性这样的拓扑特征在视觉加工的早期得到了较充分的加工。

CCTV 新主楼是继巴黎德方斯大门之后，又一个门式建筑特例，从古至今的门式建筑案例中，无一例外地包含了人类高度进化的视觉对图形拓扑特征的兴趣。以此视角再看 CCTV 新楼的若干投标方案，库哈斯方案的拓扑性质与其他方案皆不同，或者说其他方案造型的拓扑性质都相同。这一点似乎值得我们思考，或许这也是库哈斯方案引人注目的一个缘由。

蒙特利尔住宅（栖息地 67 号）是加拿大建筑师萨夫迪（Moshe Safdie）的名作。住宅被设计为模块，在工厂预制后，在现场错落地堆积起来。这个住宅群落是 1967 年世界博览会的场馆之一，限于时间和造价，只建造了 158 个单元。交错搭建的单元体，给每一户家庭都提供了花园平台。

这个案例中，建筑师首先是打破了多层住宅的每个居住单元垂直叠摞的常规模式，代之以位置关系上的错动、咬合。同时，也组合进了大量悬挑和镂空的虚形。另外，体块数量上的强调，也凸显了每个住宅单元的独立性。

图 3.4.13　拓扑性质与图形异同实验的材料

3.5　网格

网格是建筑设计中经常使用的组织方式，一个典型的二维网格是由两组或多组平行线相交而成，平行线间距通常相等。网格的交点通常是确定了结构的关键位置，比如，柱子的位置，或是墙的转角；而网格线所限定的区域里则可以展开空间布局。

"最常见的网格，是以几何方形为基础的。因为它的几个量度相等，两个方向对称，所以一个正方形的网格基本是无等级、无方向的……当正方形的网格向第三维方向伸展时，就产生了空间网格。[4]72"

位于空间网格中的形式要素或是结构构件，可以借助网格，很容易地建立起彼此在平面位置中的关联，并且自然地服从于统一的秩序和尺寸、比例系统。此时的网格更具有结构意义。

有时，网格也依附于线性发展的空间，根据空间发展的方向和尺度确定网格的方向和网格线之间的间距。例如，在图 3.5.2 中，在一个主要轴线方向上发展出主要空间，辅助房间和交通空间成 90 度与主轴线相交，各自发展出一些局部空间。此时，主要空间和垂直发展的辅助空间各自有局部网格，数个网格相交、重叠或咬合，共同形成一个复合的网格系统。

结构性的网格和空间性的网格并不能截然区分开来，实际上，既可以从结构组织出发，也可以从空间组织出发，但最终得到的网格都应该兼具结构性和空间性。

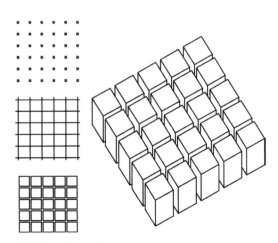

图 3.5.1　常规正交网格

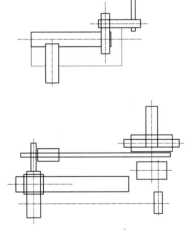

图 3.5.2　空间与网格组织

▲当代建筑中的网格差异化主要体现在:
1)从直线二维正交网格,变为旋转网格
或放射网格;
2)从二维平面网格变为三维拓扑网格。

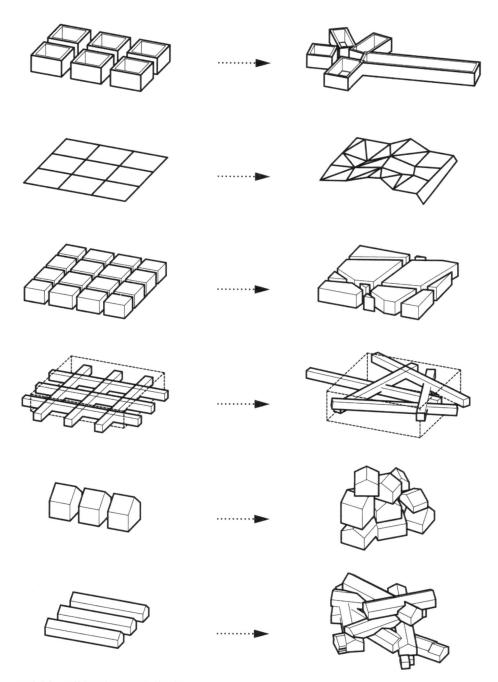

图 3.5.3 网格组织差异化可能性分析

建筑设计中的网格似乎可以与诗歌写作中的格律作一个类比。美学家朱光潜认为，最初的诗人无意于规律，但作品中自有一种规律，后来的研究者从他们的作品中找出潜在的规律，一些规律起初只是一种总结、一种统计[26]。格律对于朱光潜而言似乎是一个两难的选择，有格律意味着某种对于艺术的束缚，但许多优秀作品同样是有格律的，最终的判断只能依托于艺术家自己[26]62-64。

本书没有研究建筑网格的起源，而在网格的应用方面，类比于格律，本书认为，不应把建筑中的网格当作一成不变的僵化规律，如同不应把诗歌中的格律当作僵化教条一样。诗歌的题材、主旨、意境在发生改变，承载文字的格律可以随之变化；建筑设计的任务、条件和建筑师的主观意图也在不断发生改变，承载建筑要素的网格自然也可以变化。变化可以促成诗歌的进化，也可以促成建筑的进化。

从形式组织角度，当代建筑中的网格差异化主要体现在以下几方面：
1）从直线二维正交网格，变为旋转网格或放射网格；
2）从二维平面网格变为三维拓扑网格。

旋转网格、放射网格
在形式要素组织的层面上，规则的正交直线网格源远流长，在现代建筑设计潮流中更是占据了举足轻重的地位，而斜交的网格、旋转网格则被视为某种变化。

1971 年，彼得·埃森曼在设计 3 号住宅时绘制了一系列图解，图解中，三维空间被分解为立体方格网，一个旋转了 45 度的体块带来了另一个空间网格，前者被转换为一个由杆件构成的立体框架，后者则转化为一系列板片和开口。这里的抽象形式操作和形式组织几乎没有涉及功能，但最后的形式结构可以直接变为建筑结构。从本书角度来看，网格的旋转操作成为这个设计最核心的形式变化，两个交叠的网格构成第一层对比；其次，形式要素类型上分别对应构架与板片体系，形成了第二层对比。

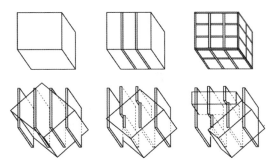

图 3.5.4　三号住宅图解

位于德国柏林的北欧国家大使馆于 1999 年建成。从总平面图可以看出，总体的地块平面被 3 个放射形网格交叉编织覆盖。主要的建筑体量分布在场地周边，而把网格交叠最密集的中部留出来作为内部庭院。

可以看出，该案例对于网格的运用发生了明显的变化：

1）常规中平行的网格线不再平行，在一端收束变为放射形，而且来自 3 个方向，二维正交网格中的二向性和匀质性被打破；人们在这样的网格中体验到多个方向的张力和冲撞，增加了自主选择的趣味。而网格的不均匀性带来了用地划分的大小变化，自然地适应于不同部分的功能需要——我们不再需要在一个匀质统一的网格里通过数格子的数量来匹配各部分的面积。

2）在常规的网格应用中，网格的作用大多是加强建筑的核心与主体部分，在此案例中，网格最强有力的地方恰恰让位于空旷的场地和内院，而将网格较为松散的边缘部分让渡给建筑，这是一种把建筑"去中心化"的做法，内院的价值被凸显和强调，建筑似乎反倒成了加厚的围墙。

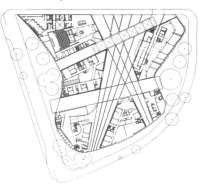

图 3.5.5　北欧国家大使馆组图与总平面

　　荷兰建筑事务所 MVRDV 设计的松代（Matsudai）博物馆案例中，建筑的主要体块被架空起来，部分支撑结构与正方形平面成 45 度夹角，但结构网格的作用似乎仅仅局限在承重方面。从不同方向引入的楼梯打破了正方形平面的完整性，此时，空间流线的组织代替了常规的抽象网格，直接把空间切分为不规则的若干部分。流线被固化为空间网格，流线管道自身在结构上也加强了对建筑主体的支撑，相互编织的流线形成了空间和结构中最重要的"网格"。

　　单一轴线或多个垂直正交轴线的交通组织方式已经被逐渐打破，代之以多轴线、多流线。此时，相应的网格系统也发生着变化。

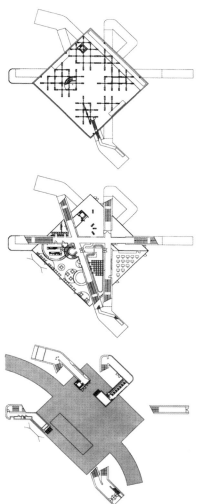

图 3.5.6　松代（Matsudai）博物馆（左）
图 3.5.7　松代（Matsudai）博物馆平面图（右）

图 3.5.8　从常规正交路径到空间交错穿插路径

三维拓扑网格

当代建筑师在一些设计项目中放弃了规定功能流线、规划空间体验的传统目标，转而提倡对于空间的自由探索，这也促进了对功能和流线新的理解。三维拓扑网格随之出现。这种网格与富有动感的建筑形式密切相关，甚至可以说，就是为动感形式量身打造的。

动感在本书中归于形式效果，主要在第 4 章中进行讨论。在此，出于讨论拓扑网格的需要，首先基于组织方式对动感形式作一个概要区分，并进一步详尽分析三维拓扑网格对于动感形式的组织。

动感，可以是形式要素（线、面、体）的形状所带来的特征，也可以是形式要素组织过程带来的属性。二者都是形式研究的重要方面。前者是单纯的，可被视为速度和运动的象征，容易被认知；后者是繁复的，具有一种繁密的组织结构，不易被认清。从美学价值来说，两种动感给予我们的愉悦是不同的：单纯的动感释放激情，或迅猛或舒展，是运动的呐喊，以其简洁明了对于速度和运动的完整表现直击人心；而繁复的动感则具有一种凝神思辨的色彩，疾如风静如水，时而波澜不惊时而气势如虹，让人享受穿透表层、厘清后续意义的乐趣。

两类动感形式有各自的特点。

动感形式作为速度的象征时，暗示了短促时间与广大空间的融合——一种短时间内快速跨越大空间的状态，如同哈迪德在东京新国家体育场方案中的表现。体育场造型如同一个压扁的自行车运动员的头盔。有时，运动的象征物也会源于自然，埃罗·沙里宁的 TWA 航站楼形如一对鸟类的翅膀，它们实际上在静态展示，只有把双翅与大范围的空间相关联，人们才能意会到那象征性的飞翔。这两个案例都是单纯动感形式的典型代表，造型的基础是与运动相关联的整体形状。

图 3.5.9　日本东京新国家体育场方案，扎哈·哈迪德设计
图 3.5.10　美国纽约 TWA 机场航站楼，埃罗·沙里宁设计

位于西班牙毕尔堡的古根海姆美术馆则表现出不同的特点。该美术馆建成于1997 年，可视为弗兰克·盖里最好的作品。他自述道："我享受整个项目的复杂性，试图将各个元素组装起来……[28]"最终呈现的效果中，众多较小体块的簇拥带来一种立面的波动性，原本属于不同小体块的面域开始相互关联，形成一个起伏不定的波动的立面。建筑平面上没有关于运动的象征物，也不刻意表现速度对于大空间的征服，除了少量向外伸展的元素，内聚的倾向占据了主导。从航拍图中，体块向中心旋转汇聚的趋势更为明显。尽管不甚规则，但一个围绕着极坐标点的旋转网格仍然可以被明确认知。这正与速度和运动象征物的企图相反：速度和运动象征物倾向于占领更大的外围空间，把建筑之外的一切场地元素也纳入到同一个动力样式之中。

进一步观察，古根海姆美术馆的造型包含了多个方向的动势，每一个小体块有自身的形状和动势方向，与周边其他的小体块有所区别。在某个角度和距离观看时，某

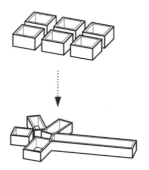

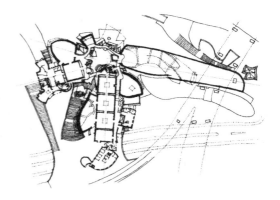

图 3.5.11　西班牙毕尔堡古根海姆美术馆，弗兰克·盖里设计(上)　图 3.5.13　从常规方网格到旋转网格（上）
图 3.5.12　西班牙毕尔堡古根海姆美术馆航拍图（下）　图 3.5.14　西班牙毕尔堡古根海姆美术馆平面图（下）

些方向将成为主导方向，随着位置的改变，主导方向将更替。将造型的诸多元素（较小的体块）堆叠于整个形体中，需要确定它们在三维空间中的位置关系，而位置关系与元素的形状等特征无关，造型整体中因此可以容纳不同特点的元素。各元素的位置关系最终形成一个三维拓扑网格。盖里运用的扭转曲面源自对鱼身扭动状态的抽象，但他没有停留于个别元素的形态，而是进入到元素的组织关系之中，把若干扭转曲面体块和平直表面的长方体块拼贴在一起。

上述 3 个案例中，前两者凸显形式要素的形状：流线型或是模拟自然的动态形状。动感形式的繁荣已经将自由曲面体提升至与基本几何体同样的地位。后一个案例中，除了具有波动起伏的单体要素形状，还具有一种动感的组织，即体块在平面上围绕中心旋转分布，三维空间中，形体的拓扑关系形成立体的拓扑网格。动感形式的组织已然突破了二维正交直线网格。

图 3.5.15　西班牙毕尔堡古根海姆美术馆，从高架桥一侧看的动势与方向（上）

图 3.5.16　西班牙毕尔堡古根海姆美术馆，从河对岸西侧看（下）

前两个案例有助于如下归纳，曲面体或动态形状大体上有两个来源：

1）复杂曲面几何学与数学；

2）某种单纯的自然形。

两者构成了单纯动感形式的基础。

后一个案例则表明，动感形式组织主要体现在多个要素的关系之中：

1）大小不一的体块具有多方向的动势，也保持一定的独立性。

2）各元素相互堆叠，形态上可以是极富差异性的，彼此联结成有一定内聚倾向的三维拓扑网格。

3）如果造型元素进入拓扑网格，与整体的关系便被加强，反之，则有一种离散的倾向。

要素之间的关系构成了繁复动感形式的基础。

有时，离开曲面体和自然形，更多地依靠形式要素关系的组织，也可以产生动感的形式。由波姆[1]设计，1968 年落成的内维格斯朝圣教堂清晰地展现了由组织属性造就的动感效果。

教堂主体由多个经过切削的多边形棱柱体簇拥而成，立面多次转折的波动效果与屋顶相联系，暗示了内部墙体和顶棚的连续性。教堂主体的内聚性比古根海姆美术馆更为明显，在较为高耸的中心，立体网格的紧密度更高，而周边体块在切削方向和形状上的独立性则更强，网格变得松散。在强调向上动势方向的同时，周边体块的切削方向在立面视角里存在偏斜，顶部采光口也刻意向横向突出，制造了对于主导动势方向的挑战，这些异样突出的角部也可以被理解为立体网格中异化的部分，采光洞口穿透形体的表面，形成一个个光线、精神和能量的出入口。与此同时，在航拍图视角中可以看到，体块向中心汇聚，并且轻微旋转，这一动势也为立体网格增加了张力。

这个案例中，斜线与斜面似乎可以作为替代曲线、曲面的形状因素，但斜线与斜面更可以被视作立体网格本身的结构。这似乎暗示着，立体网格自身就可以显示出某种动感效果。

上述若干案例中，哈迪德提供了单纯的动感形式，而盖里和波姆提供了繁复的样式。为了得到清晰简明的外轮廓，单纯动感形式的设计者倾向于放弃元素关系的组织，更多地依赖简单而可靠的整体形状——一种动感的完形。格式塔心理学（完形心理学）

---

① 戈特弗里德·波姆，德国著名建筑师，
1986 年普利兹克建筑奖得主。

◢教堂主体的内聚性明显，在较为高耸的中心，立体网格的紧密度更高，而周边体块在刃削方向和形状上的独立性则更强，网格变得松散。

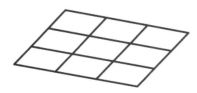

图 3.5.17　德国内维格斯朝圣教堂，远景为教堂主体，近处为修士住所（左上）
图 3.5.18　德国内维格斯朝圣教堂顶部（左中）
图 3.5.19　德国内维格斯朝圣教堂航拍图（右）
图 3.5.20　从平面方格网到三维拓扑网格（下）

的知觉组织原则① 被其创始者之一考夫卡（Koffka）总结为一句话："如果对于图形存在多种可能的理解，则视知觉倾向于采纳能产生最简单、最稳定的形状的那种理解。[25]12"单纯的动感形式为这个论断提供了支持案例。

在艺术知觉过程研究领域，奥地利著名艺术心理学家安东·埃伦维茨（Anton Ehrenzweig，1908-1966）认为，完形心理学研究了表层知觉，但只重注分析艺术作品的具象形式因素，只研究能为理性把握的有意识成分，而艺术作品还同时包含着大量的非具象形式因素，是由深层知觉，即无意识知觉进行把握的。

他进一步语出惊人："对美的需要（特指审美时追求'美好'完形的倾向）只能属于心理表层，而不属于完形范围之外的深层心理。现代艺术一直闯入了深层心理领域，这就抛开了艺术的美感表层，揭示了无意识的、非美的、完形范围之外的视觉形象。[27]"

借鉴上述无意识知觉理论，有理由猜测，潜在的拓扑关系是深层的，形状是表层的；人们对拓扑关系的认知相对于形状而言，是无意识的，但却是重要的。

上节中提及的认知心理学家陈霖在 1982 年提出了视觉拓扑理论[25]100-102。这一理论揭示了人们在认知拓扑关系时，时序上的优先性②。

拓扑关系位于深层知觉中，却又在认知时序上更为优先。这一特性使得主要基于拓扑关系建立的三维立体网格在繁复的动感样式中具有突出的地位。

在对周边环境的组织方面，繁复的动感形式似乎比单纯形式具有更高的宽容度和吸纳性。

在内维格斯朝圣教堂案例里，我们转而观察附属的联排居住单元，它们位于主入口宽阔通道的一侧，与对面一道长长的折线墙体共同限定了教堂西北侧场地的边界。我们在这里看到了一串曲面元素，被一个沿场地自然展开的线性网格所控制。元素与网格类型跟教堂完全不同，形成鲜明对比。毕尔堡古根海姆美术馆，则更为热烈地拥抱环境中现存的要素。盖里的自述或许更为直接，他自问自答："如何打造一座具有人情味的巨大单体建筑？我试图融入城市。我利用桥梁、河流、道路来建造这座与 19 世纪城池大小相当的建筑。[28]"结果，我们看到了美术馆的一翼与现有高架桥缠

---

① 格式塔心理学认为，人们之所以能够将"分散"的知觉对象看成是一个知觉整体，是因为人对图形的知觉由一些一般原则决定。这些原则叫做格式塔知觉组织原则，主要包括：接近律、相似律、闭合律、连续律。

② 在视觉的早期阶段，人们对图形拓扑性质是否等价更为敏感，连通性、封闭性这样的拓扑特征在视觉加工的早期得到了较充分的加工。

绕勾连，而新的水池则形似原有河道漫过堤岸的自然结果。

与此相对，回顾哈迪德设计的东京新国家体育场，可以发现，体育场外围的机动车道、人行道、场地划分乃至绿化的平面形态都完全从属于体育场主体建筑的动势与线条样式。在确定了一种运动趋势和线条样式之后，从整体到局部，从建筑到环境，均需要保持完全的一致性和连续性，一直持续到项目地块的最外侧边界。换言之，如果没有地块边界的法定限制，这种偏执和强力还将继续下去。这恰恰是单纯动感的特点。在此意义上，单纯的动感形式对于外部环境具有一种排他性。

概括地说，在由盖里和波姆提供的繁复的动感样式中，展现了多个可以被认知的组织层次。

这些层次正是繁复动感样式的主旨，主要包括：
1）当观者从远距离考察时，周围环境中的要素（诸如毕尔堡的高架路、河流和传统城市街区）与建筑的整体特征构成第一个层次，两者力图进行拼贴和复合。
2）观者的注意力聚焦到建筑自身时，形体彼此相交、重叠、咬合，整体外轮廓的完形让位于立面的波动性和三维拓扑网格，形成第二层次。
3）进入到造型局部时，局部的形状、数量、尺寸、质感、颜色，以及这些局部特征的组织方式构成第三层次。这些组织方式也是多样化的，主要包括：位置关系、相似性、秩序性、重复性与节奏、连续或离散。

可以通过下面两个案例进一步展开这种层次性的比较。一个是福斯特事务所设计

图 3.5.21　扎耶德国家博物馆方案效果图（左）
图 3.5.22　扎耶德国家博物馆景观平台效果图（右）

的扎耶德国家博物馆方案，另一个建成作品是赫佐格和德穆隆事务所设计的维特拉家具展厅（Vitrahaus）。

　　两者都具有多个相似而重复的单元体。前者的主要体量是位于下部的覆土基座，基座几乎完全消隐于环境中不加以表现，上部是 5 片夸张的羽毛状通风塔，它们彼此分离，构成主要的建筑形象。在透视表现图中，5 个通风塔有所重叠，形成起伏的曲线外轮廓来强化其整体性。这与单一动感形体强调外轮廓的倾向是一致的。5 个通风塔虽然存在视觉上的前后重叠，但其位置关系却是简单的，观众知道它们实际上彼此分离，即使视点有所改变，5 个单元体在空间中的定位仍然是清晰明了的，只是一种简单的平面布局。福斯特的方案尽管运用了多个造型元素，但与那些单一形体的单纯动感样式相同，只具有一种简化的、甚至是单层的视觉结构。这种单层结构倾向于减少形态的层次，以产生清晰简明的外轮廓：一个视觉完形。这个备受重视的完形中，单一或多个成组体块作为独立的图形，需要与其背景和环境严格区分开来，背景和环境作为图底关系中的"底"被彻底抑制或忽视。而形体之间的空隙同样是消极的、被分离出去的背景。人们走在 5 个通风塔的平台之上，确定无疑的知道自己身处建筑之外。

图 3.5.23　维特拉家具展厅外观（左上）
图 3.5.24　维特拉家具展厅的架空与镂空（右）
图 3.5.25　维特拉家具展厅航拍图（左下）

在维特拉家具展厅（Vitrahaus）案例中，其整体外轮廓不是一个完形，整体轮廓特征与一个单体的山墙立面相比，甚为模糊。此时，体块的堆叠、面域的多重转折和波动是显见的效果，而组织它们的三维立体网格则是潜在的。这一立体网格主要定义了形体间的拓扑关系，即相邻、连通、结合、重叠、包含、分离的关系，对于几何形状则不作要求，留下了造型的宽容度。家具展厅的 12 个长条形坡屋顶单元体正是依据拓扑关系被纳入到三维立体网格中。值得注意的是，除了极少数作为视觉趣味调节而出现的局部曲面，十余个单元体外观几乎不包含曲面形态——建筑师并不依赖曲面体塑造动感。

维特拉家具展厅（Vitrahaus）的单元体块彼此交错、咬合、架空、镂空，将拓扑关系进行了充分的运用。图 3.5.24 中的观者，置身于这个三维拓扑网格之中，感受到的是整个网格的力场，此时，建筑的内与外似乎可以翻转，架空与镂空的部分是在单元体外部构建起来的另一类积极的空间，而不是被分离的背景，这一空间比单元体内部的空间具有更高的层次，是属于拓扑关系整体的空间。在拓扑网格中，单元体的组织关系得以在多个方面展开：位置关系、相似性、秩序性、重复性与节奏、连续与离散，提供了进一步的局部关系认知的可能性，从而实现繁复动感形式中的多个认知层次。

至此，可以说，组织的多层次性是繁复动感形式的本质，也是它取得成功的关键。此时，拓扑网格是实现多个认知层次的重要组织工具。一方面，拓扑网格应该富有实效，其有效性体现在从大环境到造型局部的各层次上；另一方面，它也应该是灵活而开放的，容纳异类和对比的特征。而缺少有效、灵活、开放的拓扑网格，失去多层次性，繁复的动感形式有可能陷于混乱无序。与此相对，单纯的动感形式主要依靠单一的特殊形状建立起自己的个性，元素的数量和形态的层次都很少，一个单纯、统一、无缝的形体也不需要强调元素之间的关系组织。

网格组织差异化是当代建筑设计的重要现象。本小节所讨论的旋转网格、极放射网格、三维拓扑网格只是其中很少的片段，希望借此引发更全面深入的思考。

3.6　对称性

　　对称，这一组织方式关注造型的几何对称性。虽然对称性在现代建筑里已经变得不敏感，但基于人和大多数动物的天然对称性，人们仍然不可避免地去考察建筑造型的对称性。而在一些特定用途和类型的建筑里，尤其是纪念性建筑里，对称或不对称是重要的区别。

　　从造型效果上看，对称性带来视觉上的守恒——一种稳定，一种均衡；而期待守恒或平衡视觉效果时，也必然包含某种对称性造型。

　　对称、非对称是两个基本的区分。对称带来的守恒与不变，被非对称打破，获得视觉动力的同时，非对称也带来视觉上的不安与变动。两者的相互制约产生变与不变的调和。

　　常规组织方式中，单轴、单中心对称在古典建筑中是常见的，不对称在现代建筑中也是常见的，现代建筑已把不对称视为常规。当代建筑中，刻意追求对称，或是选择多轴、多中心对称，成为差异化现象。通过分析 406 个地标建筑案例的对称性，得出图 3.6.1 概要分类。

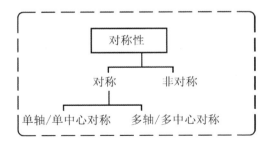

图 3.6.1　对称组织分类示意图

▲对称带来视觉上的守恒与不变，
非对称带来视觉上的不安与变动。

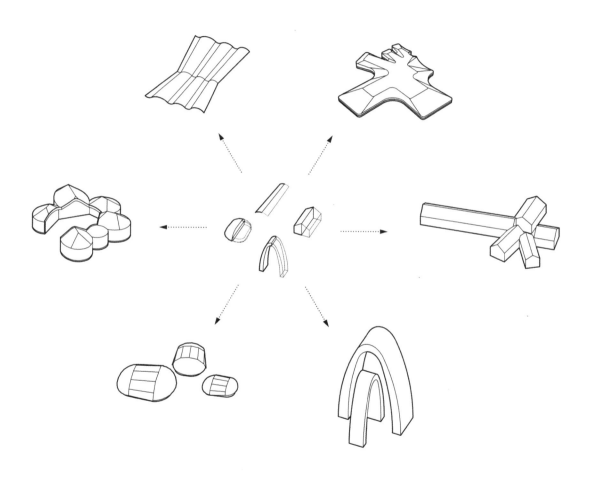

图 3.6.2　对称组织差异化可能性分析

案例分析

悉尼歌剧院的基座和上部三组壳体（板片群组）在对称性组织上具有以下特点：

1. 基座在端部分化为一大一小，平面上不对称，从一个长轴向分解为两个轴向。三组壳体从整体上看不对称。

2. 基座两个端部各自对称，对应上部两组壳体沿各自的纵轴对称。壳体从长立面上看不对称。

3. 组成三组壳体的蝴蝶型壳体（图3.6.4中的1、2、3）平面上沿各自纵轴对称，长向立面上则不对称。

这是在从整体到部分多个层级上调和对称和不对称的典型案例。悉尼歌剧院"对称中的不对称"包含更多的变化和世俗活力。同样是应用球面壳体，前述莲花教堂为中心对称，表达了皈依的永恒乃至多种宗教信仰的最终统一。

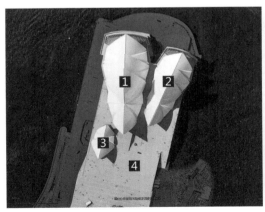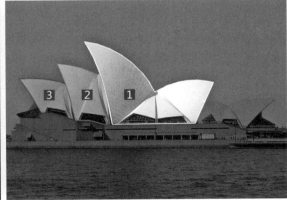

图 3.6.3　悉尼歌剧院布局分析：1. 大音乐厅，2. 歌剧厅，3. 餐厅，4. 基座（左）

图 3.6.4　悉尼歌剧院侧立面分析：1、2、3 三组壳体重叠、渐变，组合成更大的壳体群（右）

前述提及的海南国际会展中心，2011 年建成启用。总平面外周尺寸为东西向 379 米，南北向 372 米。总建筑面积为 13 万平方米。总体上看，体块呈扁平延展状。总平面外轮廓为具有凹凸圆角的不规则形状，由 6 个突出如趾状的部分融合而成——似海生动物、如水中浮岛、似即将变形的软体动物、如瞬间凝固的流体。而外轮廓又可解析为最基本的直线及圆弧（导圆角）。从对称性分析，总体上不对称，从局部来看，4 个主要的部分有 4 条对称轴汇聚。这是多轴辐射对称的案例。

罗马音乐厅综合体与长岛住宅方案从对称性考察，都是从整体上看不对称，而分解后的几个部分为对称形体。这是在形式的两个层级上应用不同对称组织的结果，造成了群体与单体造型特征的差异性。

归结起来，本小节的当代建筑案例中，出现了以下几类对称性变化现象：
1）单元体或局部对称，整体不对称。
2）从单轴或单中心对称，转向多轴或多中心对称。

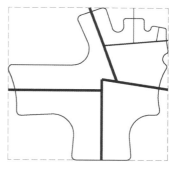

图 3.6.5 海南国际会展中心（左上）
图 3.6.6 海南国际会展中心体块对称轴分析（右上）
图 3.6.7 长岛住宅（左下）
图 3.6.8 罗马音乐厅综合体（右下）

3.7　形式组织与功能、空间

在第 2 章中谈及，形式要素类型和特征的变化可能引发结构和构造的相应变化。本章讨论的形式组织差异化则可能直接引起功能和空间组织的创新。

数量、虚实、对比、位置关系、拓扑关系、网格和对称性，每一种与形式组织相关的手法和方式都将极大地影响功能和空间配置。事实上，几乎可以说，形式组织与功能、空间的组织是同步进行的。

在近现代建筑中，轴线、组团、对称等组织手法得到很多运用。

例如，德国汉堡中央车站案例中，多个体块以纵横轴线有序排列进行组织。以数量组织为例，仅尖拱形体块就有近 20 个，其中中央大厅是最大的尖拱形体块，平面尺寸约为 75×150 米；两侧各有 9 个较小的尖拱形体块，加上入口和钟楼等辅助功能体块，体块总数超过 20 个。

体块的尺度、数量、位置关系直接体现了建筑的功能组织：中央大厅两侧分布其他较小的功能区域。结构也遵循这同样的组织逻辑：大跨度的三铰拱结构对应大空间体块，连续的小跨度开间对应两侧数量众多的尖拱形体。形式逻辑、功能逻辑和结构逻辑统一。

图 3.7.1　德国汉堡中央车站（左）
图 3.7.2　德国汉堡中央车站航拍图（右）

再比如，图 3.7.3 以 6 个建筑平面为例，展现了空间和功能的组织形式。单元体或体块的数量是首先可辨的组织手段，其次，这些单元体或者体块的位置关系、与外部环境的关系、墙体或结构网格的对位、轴线与流线、对称抑或不对称等既体现了形式组织的秩序，同时也体现了功能与空间的秩序。

这些组织手法，我们在现代建筑中已经屡见不鲜。对这些组织方式的改变，显然也意味着对功能和空间组织方式的改变，甚至结构组织方式的改变。在此意义上，思考形式同样也是思考功能和空间，形式的逻辑发生变化，功能、空间甚至结构的逻辑也将随之改变。

由路易斯·康在 1965 ~ 1968 年设计的多米尼加修道院方案，在一个现存的传统修道院 U 字形围合建筑的内部，嵌入了一组新建筑，新建筑在尺度、比例、网格方向、流线组织方面与老建筑迥异。在新老建筑之间、新的建筑组团之间重新建立起院落围合的关系，也就是新的虚实组织和拓扑关系组织。这无疑是一种大胆的组织变化。建筑组团中的单体保持着一定的独立性和对称性，以此显示古典建筑的严谨秩序，但在总体上，多项组织方式的变化，使得该方案具有十足的当代性。

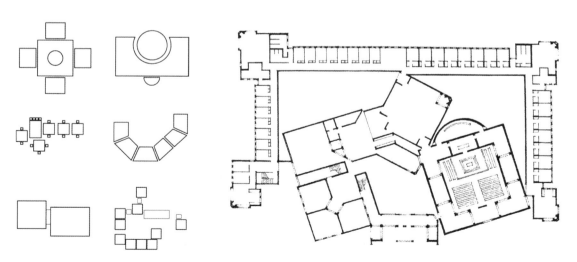

图 3.7.3　现代建筑中空间和建筑组团组织常见方式（左）
图 3.7.4　多米尼加修道院方案平面图（右）

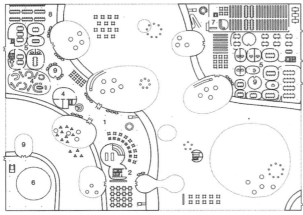

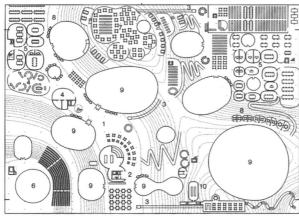

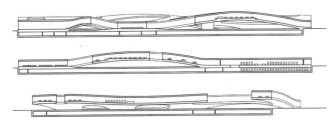

图 3.7.5　洛桑大学劳力士研修中心（上）

图 3.7.6　洛桑大学劳力士研修中心首层平面图
（中上）

图 3.7.7　洛桑大学劳力士研修中心二层平面图
（中下）

图 3.7.8　洛桑大学劳力士研修中心剖面图（下）

瑞士洛桑大学劳力士研修中心是妹岛和世的设计作品。这座新建筑以蜿蜒起伏的群山为背景，外轮廓长 160 米、宽 120 米，呈现扁平的方形。建筑平面上分布了 14 个近似椭圆形的庭院。部分建筑体量架空脱离地面，使得环境进一步融会贯通。在建筑内部，体现了妹岛和世一贯的追求，流淌着开敞无分隔的连续通透空间。研修中心将多样化的功能展开在同一个楼层内，使用者可以随心所欲地到达建筑各处，促进了学生和研究者的跨学科交流，建筑的通透体现了办学理念中的开放和交流。而全新的虚实组织和方中带圆的拓扑关系将环境与建筑功能进行了创新结合。

如同起伏地形一般的楼面，在带来功能连续性的同时，也必须以新的方式建造。从剖面图图 3.7.8 可见，地面的隆起将类似拱桥的结构方式带入建筑。"桥"底虽然没有水流通过，却将自然环境和绿色空间的流动意象表达得十分鲜明。"人工化的自然"成为建筑意象中浓重的一笔。当代建筑组织方式变化的背后并非只是好奇搞怪之举，而是肩负起重塑人与自然、个人与群体之关系的重任。

同样是来自日本的建筑师藤本壮介为有一定精神障碍的儿童设计了一个康复中心。建筑基地面积 14590 平方米，建筑面积 2536 平方米，于 2006 年建成。

从建筑平面布局示意图中，我们看到多个同样的方形体块作为实形，松散随机地分布，仅仅这一特点，就包含了数量组织、虚实组织、位置关系、拓扑关系和网格组织的差异化。

分散的小体块仿佛是作为儿童个体的暗喻。有评价认为，"这是一个非常特殊的建筑，它的空间是丰富的，像是一个大房子，也像一个小城市，有亲密感的房子，也是多样化的城市……通过组合单元来组织功能。"这段解释清晰地表明了形式组织与功能组织的密切联系，这种联系从古典建筑到现代建筑直至当代建筑，都不曾中断，只不过具体的方式和手法发生了变化。此例中，网格不复存在，代之以灵活的距离和方向，暗示着心灵的自由。由于方形房间单元体是随机布置的，在它们的空隙里产生

图 3.7.9　儿童康复中心平面概念示意图

◢ **不规则的网格、散布的小建筑——一种 "去中心化" 的努力。**

图 3.7.10 儿童康复中心平面图

一些凹空间和小空间，这样的空间看起来没有实际的功能。如果采用规则的网格，在设计上本可以避免这样的空间，但这恰恰符合孩子们游戏的需求，在一个自由的尚未被明确分割限定的空间环境中，孩子们可以在躲藏、追逐中自得其乐。

散布的小建筑可视为一种"去中心化"的努力，也可以说，这里有多个"中心"，它们可以"相对互换"。"对于工作人员来说，工作人员室是一个功能性中心；对儿童来说，客厅、一间单人房，一个凹空间都可以是一个中心。在富于变化的空间中可以随时找到'偶然'的中心。"

日本当代建筑师大多遵循简洁的理念，较少运用特殊而夸张的形状特征，作品外观方整明晰。他们比较关注质感特征以及本节所讨论的形式要素组织，即使是一些看起来繁复的形态，也是由基本的单元经过复杂的组织形成的。伊东丰雄、妹岛和世、西泽立卫等都是在这条道路上发展。藤本壮介除了关注质感特征和形式组织，更为关注形式要素类型的差异化，他的许多作品由此展开，运用极为繁多的轻薄板片或是线状杆件，更加强调体块及其组织。另外，日本当代建筑设计中，关注材料的质朴特点以及结构的轻盈灵活也是一个重要的方向。坂茂是这方面的代表，他也关注自然灾害救助问题，将建筑实践与社会责任相联系。

向前追溯到日本第二次世界大战后第一代建筑宗师丹下健三，他的代代木体育馆设计雄浑大气又不失优雅。相比之下，日本当代建筑师的作品在气质上显得较为阴柔。这与他们追求轻盈，追求通透、虚化的形式效果是直接相关的，也与日本当代社会、文化背景密切相关，毕竟，丹下健三时代的战后复兴与大规模建设与当代日本的发展语境已然不同。

本节所讨论的形式组织，以及前两章讨论的形式要素类型、特征，在不同的地域和不同的时代，显示出不同的变化。建筑师一方面需要个性化地展现对形式差异化的理解，另一方面，需要审时度势，赋予建筑相应的时代气质。

图 3.7.11　儿童康复中心外观（左）
图 3.7.12　儿童康复中心室内（右）

3.8　本章小结

1）本章主要讨论较为具体的形式组织手法，包括：

数量组织、虚实组织、对比、位置关系、拓扑关系、网格与流线组织、对称性。在这些组织方式上进行变化，是当代建筑形式差异化的重要方面。

2）数量组织差异化

数量组织主要关注主要形式要素的数量，如体块的数量。这常常是设计构思中需要优先考虑的几个问题之一。

数量关系上大致有 6 个小类，分别是：多个、单个、双、三或三以上、3～9 个、超过个位数。当代建筑中数量组织的变化主要集中在以下 3 个方面：

（1）多合一；

（2）一分为众多；

（3）特定情况下，"双"也是有差异的。

3）虚实组织的差异化

实形与虚形同样重要，大多数案例只使用实形时，为获得差异化效果，可以运用虚形。虚形的大致分类如下：

（1）镂空虚形；（2）架空虚形；（3）倒影虚形；（4）反射虚形。

4）对比关系的变化

对比是大多数艺术作品中都存在的一种形式组织技巧。通过对比，把一件作品中相对重要的东西从其他东西中区分、强调出来。对比可以在多个方面进行，尺寸、方向、形状、位置、明暗、质感和色彩等都可以成为施展对比的领域。

在常规造型原则中，出于协调、统一的考虑，不运用对比特征或是只运用较少的对比特征，缺少差异性。在当代建筑中，表达戏剧化冲突和激情的对比在很多时候代替了相似和统一。而且，多维度、多层次的对比代替了简单化的对比。

5）位置关系与拓扑关系差异化

位置关系是多个形式要素之间的重要关系，它描述了形式要素的空间分布。

当代建筑在位置关系上发生的变化大致有两个倾向：

（1）在方位关系上，从常规平面分布走向垂直竖向分布，以及更为复杂的自由空间分布。此时功能和空间也将在多向度上分布，结构组织逻辑也可能会因此受到挑战。

（2）在拓扑关系上，从常规的分离、连接体连接或简单临近并置的关系，转向较为复杂的围合、嵌套、咬合。虚形也被纳入到这种拓扑关系的组织之中。

6）网格差异化

网格是建筑设计中经常使用的组织方式。网格兼具结构性和空间性。

从形式组织角度，当代建筑中的网格变化主要体现在以下几方面：

从直线二维正交网格，变为旋转网格或放射网格；

从二维平面网格变为三维拓扑网格。

其中，三维拓扑网格与富有动感的建筑形式密切相关，是实现动感形式多个认知层次的重要组织工具。

7）对称性的变化

对称带来的守恒与不变，被非对称打破，获得视觉动力的同时，非对称也带来视觉的不安与变动。

常规组织方式中，单轴或单中心对称在古典建筑中是常见的，不对称在现代建筑中也是常见的，现代建筑已把不对称视为常规。当代建筑案例中，出现了以下几类对称性变化现象：

（1）单元体或局部对称，整体不对称。

（2）从单轴或单中心对称，转向多轴或多中心对称。

8）形式组织差异化可能直接引起功能和空间组织的创新。

数量、虚实、对比、位置关系、拓扑关系、网格和对称性，每一种与形式组织相关的手法和方式都将极大地影响功能和空间配置。事实上，几乎可以说，形式组织与功能、空间的组织是同步进行的。

4　差异｜形式效果与美学样式

4.1   形式效果与美学样式

正如前述第 2、3 章，当代建筑中的形式要素和特征已经发生了一些变化，形式组织中的比例、网格、对称性等也已发生了部分变化。这些相对客观的形式因素发生变化，也意味着对应的主观审美趣味也发生了变化。从深层次而言，这些主观审美趣味是对当代文化特征的一种响应。例如，表现动感与动态的建筑打破了建筑的静态外观，响应了我们这个追求速度的时代，许多动感的造型源自飞机、汽车的流线型。再如，表现混杂、具有拼贴感的建筑反映了多元化与信息爆炸时代的某种美学趣味。

需要指出，当代建筑的一些案例中，已经出现对于特殊形式效果的追求，一些新的感官体验甚至部分打破了通常的美学规律，试图建立新的美学样式。在第 2、3 章对于形式要素及其组织方式进行理性层面的研究之后，有必要从感性层面对这些效果和美学样式变化作出一定的研究。而感性层面与理性层面的互动也是应有之意——任何视觉效果的呈现离不开具体的形式要素及其组织；而在选择形式要素类型、赋予其特征、进行要素组织的各环节中，形式效果在一定程度上可以发挥引导作用。这种互动性分析在本章中也有所涉及。

形式效果的来源广泛，可以用众多感受性的词汇描述，即直接从人们的视觉感受中总结提炼出来，比如：动感、轻盈、通透……

形式效果与移觉

从根本上说，人们主要依靠视觉感知建筑造型。在特殊情况下，视觉感受可以引发视觉之外的其他感觉，形成复合感觉，这称为移觉，本章讨论的形式效果主要是指引发了视觉特征之外的其他效果和感觉。

移觉在修辞学中也称为通感，在这里，通过移觉引发的形式效果包含两个相互联系的要点：1）由基本的视觉信息引发其他感觉经验；2）视知觉借助其他感觉经验形成可理解的视觉概念。

例如，动感，是借助运动体验对特殊的静止造型进行理解，比如：一个波浪状起伏的屋顶。轻重感是视觉形态引发了视觉经验之外的重量感，比如：一个轻盈的建筑。触感则同样是由视觉信息引发的触觉经验，同时，这种经验与视觉信息协同产生可理解的视知觉概念，比如：一个柔软的、毛茸茸的建筑（如 2010 上海世博会英国馆）。

移觉产生的形式效果与视觉特征关系密切，移觉的基础是视觉。特殊的视觉特征及其组合引发了移觉。本书中讨论的动静感与对运动的复杂视知觉相关联，也包含了人类内部感觉中的平衡觉[1]；重量感中的轻与重，主要与机体觉中的肌肉感觉相关联；本书中的触感则主要与触觉、温度觉和痛觉相关联。建筑外观视觉信息通常难以引起听觉、嗅觉和味觉感受，因此本书未将其列入移觉形式效果。

移觉效果不能脱离于视觉特征独立存在。但从差异性角度而言，视觉特征是建筑的常见特征，有移觉效果的建筑则是少数派，具有移觉效果的建筑造型通常更有差异性。

形式效果与美学样式

每一类对于形式效果的追求都可以带来特定的美学样式，甚至一个个案就是一个美学样式。举例而言，同样是追求"动感"，哈迪德的理解与盖里的理解就不甚相同。哈迪德强调建筑体量超越重力，达到某种轻盈，以及连续流动的室内外空间；盖里在对于鱼类的形态研究中，把鱼身扭动的形态凝固为雕塑。根据盖里的自述，"在早期的职业生涯中，我一直在寻找运动模式，最终在鱼的身上发现了。鱼将我对如何使建筑运动的认知实体化……我采用鱼的造型，我切掉了鱼头、鱼尾以及一些多余的东西，而你依然能感觉到运动感。[28]250"鱼身的扭转曲面成为盖里特有的动势语言。运用多个连续扭转的波动表面，成为盖里重要的造型手段。也是其与众不同的标签。

哈迪德强调的"轻盈"又与伊东丰雄所谈的"轻盈"有所不同。伊东的轻盈带有一种东方式的生命哲学色彩，以及从自然中获得某种感悟——视觉的透明性、材料的轻质化、对于自然尽可能小的改变，都被视作轻盈的表达。而不是如同哈德迪那样，仅仅追求举重若轻，将体块架空获得克服重力的视觉效果。

形式效果偏重于对审美对象的感官体验，较为宽泛；而美学样式则在形式效果基础上综合了个人的情感和艺术理解，以及社会文化积淀，成为更具个性和特征、更为具体的美学形态。两者密切联系，也有所区别。在本节中，主要基于形式效果的感官体验进行讨论，部分案例涉及其美学样式的进一步提炼。

形式效果和美学样式种类繁多，且仍旧处于日新月异的变动之中。本章中仅选取近年来的一些热点进行讨论。它们包括：动感、轻盈、混杂、失衡。

---

① 人类感觉可以分为外部感觉和内部感觉两大类。外部感觉是个体对外部刺激的觉察，主要包括视觉、听觉、嗅觉、味觉、皮肤觉。内部感觉是个体对内部刺激的觉察，主要包括机体觉、平衡觉和运动觉。

4.2 当代建筑中的若干年美学样式

4.2.1 动感与连续性

近年来，表现动感、动态的建筑形式成为建筑师关注与讨论的热点，动感的建筑给原本静态、稳定的建筑外观带来了全新的面貌。这种变化的一个典型现象就是，各种曲面体建筑脱离了边缘化的地位，被奉为时尚先锋。

事实上，在各种艺术作品中一直存在着对于动感的表达。动感的形式具有强烈的吸引力和冲击力。"一个具有灵动感、体现了生命运动的艺术作品，能够长时间引发人们的兴趣，保持长久的艺术活力。[29]"在当代建筑中，追求动感已经成为全球建筑创新的一个推动力量。

人类视觉对于运动现象有着与生俱来的敏锐感受，但要较为严谨地讨论建筑造型中的"动感"却颇为困难。有些时候，建筑的动感形式并不能用其功能、建造技术等直接进行解释。例如，在建筑造型中运用自由曲面，表现强烈的流动性，具有很强的视觉吸引力，但绝大多数建筑并不需要如赛车般的空气动力学性能，有时这仅仅只是其内部活动的某种隐喻。这意味着，直接讨论动感形式将冒险把功能、工程技术、环境因素暂时搁置一边。另一方面，除去极少数真能够运动或部分运动的建筑，绝大多数建筑造型在物理学意义上，相对于地面是静止的。我们显然是在一个心理场中，而不是在一个物理场中讨论所谓建筑形式的动感。物理学意义上的运动速度、方向或加速度等术语，并不适合讨论动感形式。心理场中的动感与视觉的力、心理的力密切相关，呈现为丰富多彩的视觉动力样式。动感形式，这个核心概念，指的正是在心理场中的视觉动力的样式。"视觉样式实际上是一个力场。[6]8"这个力场难以用设备与仪器测量，我们人类自身的视觉认知系统（眼与脑，感觉与心智）正是感受与分析动感形式的最佳工具。这一认知系统的存在也是动感形式存在的前提。

不少建筑师已经提供了令人赞叹的动感形式。面对丰富多彩、变幻莫测的动力样式，如何认识和把握？

工具是一个可能的理解角度。工具的进步为复杂多变的曲面动感形式提供了技术支持：一方面是设计工具的进步，特别是计算机与软件技术的进步；另一方面是施工技术的进步，特别是数控加工与高精度三维测量技术的进步。"计算机辅助设计（CAD）软件所涉及的主要是同几何体相关的建模技术，以及不同层级的分析和优化功能；计算机辅助制造（CAM）技术所涉及的则是依靠计算机系统，对制造流程进行规划、管理和调控。而将上述两套流程整合为一的目标，就是为了推动产品循环的高效率，从而带来成本运营上的高效率。[24]198" 工具对动感形式的帮助是如此的明显，以至于众多设计者成为了高级曲面生成软件和数控加工设备的拥趸。

然而，对于动感形式本身的分类和研究却是更为基础的工作。在被长期抑制的情形下，对动态形体及其组织方式的研究已然落后于设计实践的需求。

动感描述内容
事实上，建筑物几乎无一例外地固定于基础之上，借助现代工程机械技术，让建筑真正相对地面运动起来，尚处于构想和实验阶段，其实用意义尚不充分。而以静止的建筑造型表现动感已成为目前建筑造型领域的重要方向。

动感针对造型整体或体块等元素的动、静趋势进行分类。在此意义上，动感也称为动势。动感属于形式效果，产生动的效果，需要在形式要素和组织方面综合运用不同的造型设计手法。

主要分类：本书参考物理运动和动感的视觉效果，对 406 个地标建筑案例的动势进行了分析，分为常规机械动势和特殊突变动势两大类。其余概要分类如下：
（1）常规机械动势
　　①平移式；
　　②旋转式；
　　③收放式。
（2）特殊与突变动势
　　①连续性特殊动势；
　　②离散性特殊动势。

进一步的详细分类参见图 4.2.1.1。在不同的建筑中，动势类型不尽相同，而不同建筑师喜好的动势类型也不一样。概要分类让建筑师在设计实践时有所参考。

表现动势的建筑相对于大多数建筑而言都是具有差异性的，因此都可以视为形式差异化。相比之下，特殊突变动势比常规机械动势更有差异性，这也是当代一些表现动势的著名建筑师大多选用特殊与突变动势的原因。

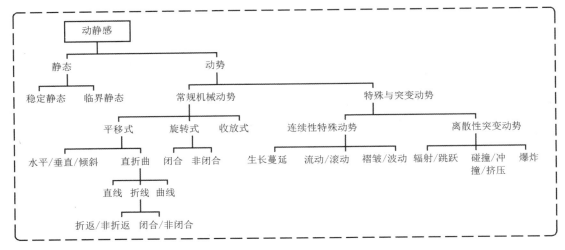

图 4.2.1.1　动势分类示意图

在分析动感形式之前，作为比较，有必要列举几个表现静态的建筑案例。

静态案例分析：

莫斯科红场的列宁墓——静止、稳定、永恒、对称性、纪念性。玛雅金字塔般的退台体块组合，顶部体块外侧增加构架元素和少量虚形——柱廊，提示至高无上的权威中心所在。

贝聿铭设计的卡塔尔多哈伊斯兰艺术博物馆主体除了运用了体块退台堆叠的手法，还增加了体块45度绕中心旋转，避免过于纪念性，而增加了少许活泼和动感。博物馆分为两大部分，中间以高墙（板片）和柱廊（构架）加以联系，并限定出院落空间。朝向大海的一侧两根巨柱（构架）形成长轴线开端的标志物。

上述手法都强调了整体造型的稳定与静态。

图 4.2.1.2　莫斯科红场列宁墓（左）
图 4.2.1.3　卡塔尔多哈伊斯兰艺术博物馆（右）

▲参考物理运动和动感的视觉效果，动势分为常规机械动势和特殊突变动势两大类。

图 4.2.1.4　常规机械动势差异化可能性分析图（上）
图 4.2.1.5　特殊与突变动势差异化可能性分析图（下）

图 4.2.1.6　爱尔兰都柏林针尖（左）
图 4.2.1.7　上海环球金融中心表面扭转示意图：底边与顶部对角线成 45 度扭转趋势（中）
图 4.2.1.8　迪拜卡延塔（右）

图 4.2.1.9　巴塞罗那天燃气公司大楼（左上）
图 4.2.1.10　巴塞罗那天燃气公司大楼外观（右上）
图 4.2.1.11　巴塞罗那天燃气公司大楼模型分析 1（左下）
图 4.2.1.12　巴塞罗那天燃气公司大楼模型分析 2（右下）

而建筑物的动势如何理解？设计师如何利用建筑物的静止体块、板片和构架表现动势？

4.2.1.1 常规机械动势

在尖塔状构筑物或超高层建筑物中表现向上的动势是常见情况。

英国都柏林针尖官方的名字是"光明纪念碑"，这个不锈钢的针状构筑物高达121.2 米，于 2003 年落成，耗资 400 万英镑。针的底部直径 3 米，顶尖处直径 15 厘米。以底部直径计算，长细比为 40，而一般的高层建筑长细比最高约为 8。一飞冲天的垂直向上平移动势是该案例的主要特点。

追求高度的塔楼也主要强调垂直向上的动势，目前最高的迪拜哈利法塔通过一组高度不一的束筒，形成争先向上的动势，直至塔尖处。束筒可视为多个分体块，重复高度特征。

除了向上动势，是否还可以增加其他动势与动态？

上海环球金融中心塔楼也主要强调垂直向上的动势，有所变化的是，对角方向的切割手法带来了一些 45 度扭转的感受，因此垂直向上动态中叠加了扭转，丰富了动感上的特征。

由卡拉塔拉瓦设计的迪拜卡延塔，则把形体的扭转动势作为重点进行表现。在整个楼体高度上，作了 90 度的扭转。将向上动势与扭转动势充分叠加，获得更大的差异性。

由 EMBT 事务所设计的巴塞罗那天燃气公司大楼在动势表现上更为复杂。两栋彼此空中连接的塔楼，其中一栋表现垂直向上动态，另一栋则在中部转折形成大尺度水平出挑，凸显水平动态。两栋楼以曲面连接体连接，平面上表现出如扇面旋转展开的趋势。置于一侧的裙房通过水平分层旋转展开的方式，强化了扇面旋转展开的动势。较高塔楼的再悬挑突出一个局部体块，其中一个表面呈连续折面波动倾斜向上的动态。

该案例显示出多种动态特征的复杂组合：垂直—水平—倾斜常规机械动态、旋转展开动态、连续折面特殊动态。同时，轮廓形状、虚实组织、表面形态上也具有多重特点：曲面特殊几何形与镂空、架空虚形的运用，类似矿石晶体表面的波动折板运用。

德国汉堡码头住宅是一个倾斜、尖锐的平行四边形棱柱体块。除了悬挑体块下部的虚形组织，主要的倾斜动势是其主要特点。这仍然属于常规机械动势中的倾斜平移动势。

丹尼尔·里博斯基设计的德国柏林犹太人博物馆是常规机械动势中折线平移动势的典型案例。曲折有力的长折线造型使之区别于周边乃至世界范围内大多数建筑。

奥地利维也纳 T-Center 平面上是 180 度折返折线动势，在立面上看，逐渐升高，折返之后，体块下部悬挑，出现架空虚形，是折返动势与架空虚形两个手法的组合。

平移动势特征与基础几何尺寸中的高度或长度密切相关，在高度或长度上突出的造型可以便捷地与平移动势组合。

图 4.2.1.13 德国汉堡码头住宅（左上）
图 4.2.1.14 柏林犹太人博物馆（右上）
图 4.2.1.15 维也纳 T-Center（左下）

4.2.1.2 特殊与突变动势

除了常规机械运动态势，更具有特殊性和差异性的动态特征是特殊与突变动势。该特征可继续分为连续性与离散性动势两大类。

连续性特殊动势

高迪设计的米拉公寓立面采用惊人的石材雕刻建造方式——先砌筑巨大长方体石块，再人工雕刻，凿出建筑立面。转角处理为连续立面后，再进行水平波浪状分层划分，每个楼层深深凹入的窗洞口又进一步强调了凹凸起伏的一连串次分小曲面。立面充满了动感与旋律感。

使用石材，利用其厚重、坚硬，去制造反差极大的动感与飘逸的旋律，这也是高迪的过人之处。建筑立面既是体块、也是表皮，局部还具有立柱构架的特点，这种高度综合的手法比当下流行的表皮处理，如外挂石材、混凝土或 GRC 幕墙更具有力度感和强烈的对比效果，经久耐看，值得人们反复品味。

日本东京国家艺术中心的主立面是连续波浪形玻璃幕墙，与这个半透明曲面共享大厅直接相连的是一个巨大的长方体块，其中包含了主要的实用功能，主入口是另外一个圆锥体附属体块。

图 4.2.1.16　巴塞罗那米拉公寓（左）
图 4.2.1.17　东京国家艺术中心（右）

形成主要动势特点的是主立面垂直的连续波浪形态。可以看出，动势的形成与应用波浪形状（自然形或者几何中的平面波）密切相关。

西班牙巴塞罗那卡特里娜市场改建项目中，EMBT 建筑师团队用一个五彩斑斓的水平起伏波浪毯作为市场新的屋面，这是一个波动的板片。少量外露的构架以及束状钢管组合柱（构架）也参与形成造型。保留的原市场外立面变为一个板片状立面。

这是一个在板片上应用波浪动势，在组合柱构架上应用树状生长动势的典型案例。两者都具有连续性的特点。

澳大利亚墨尔本南十字火车站新站房的屋面是一个双向连续波动的板片，下方的Y 形支柱作为阵列式的构架与屋面进行形式组合。屋面的连续波动是主要的造型特征。

哈迪德设计的北京银河 SOHO，将变形的球体体块水平切片，板片化之后部分板片拉长变形并相互融合连接（体块通过连接体空中相连），在体块中部形成镂空虚形。整体上，多个圆润山体（体块数量为多）具有连续起伏波动的态势。

在扎哈设计的表演艺术中心方案中，舞动的多重曲折线条，配合导圆角镂空虚形天窗，给人以在空间中向前冲去的巨大动势。这种动势的营造强烈支配着建筑师的设

图 4.2.1.18　巴塞罗那卡特里娜市场改建（上）　　图 4.2.1.20　北京银河 SOHO（上）
图 4.2.1.19　墨尔本南十字火车站新站房（下）　　图 4.2.1.21　表演艺术中心方案（下）

计意图，结构、功能也对这种动势追求进行配合。

离散性突变动势

描述非连续的动势，以及离散、突发、不规则的激烈变动状态，常见的有碰撞、冲撞、爆炸等。

从战争的激烈、暴力、残酷的角度，可以理解英国曼彻斯特帝国战争博物馆3个主体块的相互冲撞感。体块之间形状差异大，彼此似乎没有理由地从各自的角度冲撞在一起，彼此切割、侵入。3个主体块部分带有曲面，曲面弯曲方向彼此相悖，进一步加强了相互角力的感觉。从平面中可以看出，各部分有各自的柱网，直接冲撞拼贴在一起，进一步强调冲撞的动势。

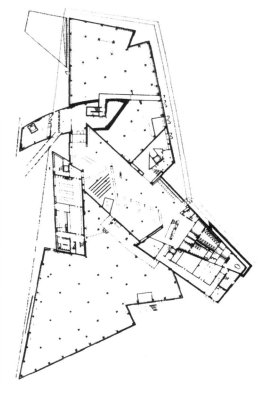

图 4.2.1.22　曼彻斯特帝国战争博物馆（左上）
图 4.2.1.23　曼彻斯特帝国战争博物馆航拍（左下）
图 4.2.1.24　曼彻斯特帝国战争博物馆平面（右）

盖里设计的迪士尼音乐厅，不规则的曲面形体彼此挤压、咬合、分离，显示出很强的视觉张力。其中包含不同方向和力度的动势，需要耐心的进行组织，彼此协调，而又突出主要的部分，动势的组织不同于单一形体对于动势的直白表现。

在平面图中可以看出，不同动态体块的内部空间形成可以自由探索的整体动态空间。二维平面上，在主轴线两侧是不对称的体块，三维空间的拓扑网格中，各体块围绕中央进行组合。盖里在此显示出收放自如的形式组织能力，二维轴线或是三维拓扑网格、对称抑或不对称都是可以进行组合的，不必厚此薄彼。

另外，表皮处理方面，多个复杂曲面体块的表面覆盖着钛金属板，产生了金属光泽漫反射效果，减轻了大面积无窗洞体块的笨重与沉闷，金属反光还制造出一种熠熠生辉的兴奋感。

美国芝加哥普里茨克音乐棚也是盖里的设计作品，舞台部分是设计的重点，如同"爆炸"后台口翻飞出来的金属板片撕裂了体块，舞台内部的力量似乎随时可以爆发喷出。这里似乎更合适演出暴躁的音乐类型。

运用离散突变动势特征，将获得高度雕塑化的动态建筑造型，建筑与艺术作品的界限被模糊。建筑将不像建筑（常规定义的），一定程度上，可以摆脱社会功能的羁绊，独立表达更广泛的意图、主张、情绪。可以说，各种动态类型几乎都具有"形而上的、表现性的"特点。

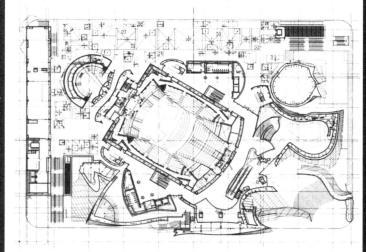

图 4.2.1.25 迪士尼音乐厅（上）
图 4.2.1.26 迪士尼音乐厅平面（中）
图 4.2.1.27 芝加哥普里茨克音乐棚（下）

4.2.2　轻盈感与非物质化

轻盈感

描述内容：
重量感中的轻盈感也是一种移觉效果，是靠基本的视觉特征经过特殊组合实现的。

传统建筑经常表现建筑之厚重，而表现轻盈，成为当代建筑形式差异化的重要一点。由于建筑受重力作用，其天然属性是沉重的，故轻盈的建筑相对大多数建筑而言更具差异性，许多著名建筑师追求建筑的轻盈感，同样也可以看作是追求差异性的一个方面。

主要特点：
轻盈感主要表现为建筑视觉上变得轻盈。建筑形式要素上的板片化、构架化，以及底层架空、动势配合等手法可以形成建筑轻量化的特点，质感上的透明、通透和反光等处理也可以辅助实现轻盈感。

由此区分两大类轻盈感：
1）形态轻量化；
2）质感轻量化。
反之，上小下大的静态稳定体块、不透明等特点则强调建筑之重。

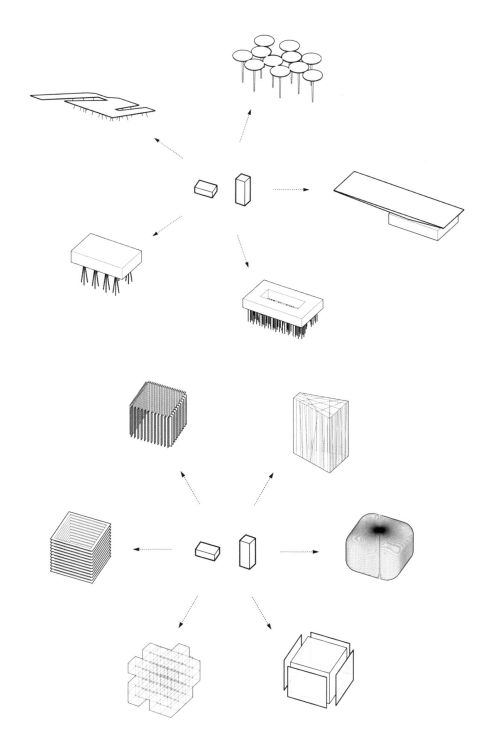

图 4.2.2.1 轻盈感的表现：形态轻量化可能性分析（上）
图 4.2.2.2 轻盈感的表现：质感轻量化可能性分析（下）

在"铝丛林"案例中，368 根铝管将体块架至空中，铝管密集如同森林，成为该铝业公司的形象广告。由于位置关系发生了变化，体块看似克服了重力获得了某种奇异的反重力属性。架空后，底部出现虚形，将周围环境纳入其中，虚实关系的组织也出现变化。

夏普设计中心如出一辙，被核心筒与 A 形支柱架空在现存的老建筑之上，小方格斑点状表皮图案，进一步拉开与下方砖砌体建筑的差异，显出迷幻神秘色彩。

两个案例的底部出现了多个倾斜支柱，与常规垂直支柱颇为不同，虽然仍起到支撑作用，但视觉上却更强调结构之外的作用——线与体的更复杂的关系，观众在解读这些关系时，转移了对重力的关注，体块的架空仿佛是自行发生的，借此可以突破体块原有的封闭沉重，获得更为复杂多样的效果和含义。

图 4.2.2.3   "铝丛林"（左）
图 4.2.2.4   夏普设计中心（右）

另外，轻重感觉的营造还可以从形式要素的 3 个主要类别开始，即不使用体块或抑制体块的表现，转而运用更具轻盈感的板片和构架。

哥本哈根新歌剧院造型中最突出的是轻盈的水平大平板。另外 3 个主体块是被覆盖在板片之下的长方体块和圆柱体块，以及突出板片之上的舞台体块。

运用板片更早的案例是意大利罗马千禧教堂。其主要造型元素包括：3 片曲面板片、1 片平直板片和若干体块。教堂的主要空间由板片加上玻璃幕墙围合而成，辅助部分由体块予以表达。可以说该案例的主要造型元素是板片。两个案例中板片的运用都减少了建筑的重量感，增加了轻盈和通透感。

蓝天组设计的慕尼黑宝马汽车博物馆，屋面大尺度悬挑，边缘虽然不薄，但处理为颇具动态的曲线，曲线还一反常态地位于厚板的下边缘。同样形成了一定的轻盈感效果。屋顶内部的桁架结构之内实际上还容纳了部分办公空间，将造型、结构和功能作出了一定的整合。

　　可以看出，架空、悬挑、轻薄的板片或是动感的边缘形状都可以成为形态轻量化的手法。

图 4.2.2.5　哥本哈根新歌剧院造型元素（左上）
图 4.2.2.6　意大利罗马千禧教堂造型元素：板片（右上）
图 4.2.2.7　蓝天组设计的慕尼黑宝马博物馆（下）

形态轻量化的综合运用

巴西里约热内卢尼泰罗伊当代艺术博物馆案例分析

由著名建筑师奥斯卡·尼迈耶设计的尼泰罗伊当代艺术博物馆下部急剧收缩，以尽量小的结构断面支撑上部较大的体量，这是一种在建筑形态上制造轻盈感的手段。可以看出，这种形态轻量化与前述架空虚形的运用密切相连，成为一种举重若轻的心理暗示。

尼泰罗伊当代艺术博物馆位于巴西里约热内卢市尼泰罗伊，自从 1996 年落成以来，当代艺术博物馆已成为一个尼泰罗伊的明信片。它主要陈列当代艺术作品，总数超过 1200 件。

该博物馆圆形平面直径约 50 米，建筑面积为 2500 平方米，由 300 名工人历时五年建设。该结构可承受时速 200 公里的飓风。

尼泰罗伊当代艺术博物馆位于海边突出的峭壁之上，三面环海，所处环境极其适合建设标志性建筑。独立柱状架空、轻盈的碟状悬挑、连续飘带状坡道板片——这些造型特征组合造成了该案例动感雕塑般的第一印象。

通过形式组合表表 4.2.2.1 可以看出，动感、轻盈感是该艺术博物馆造型突出的移觉效果，而与动势和轻盈效果密切联系的是要素类别、轮廓形状和位置关系。数量、分合状态、基础几何尺寸和对称性组织也作了配合。质感特征方面没有作强调。

底部架空上大下小的碟形轮廓形状，在塑造向上动势的同时，产生了形态轻量化的效果，区别于沉重的落地体块。如飘带般的入口坡道叠加了螺旋升腾的动势，而由少量立柱支撑的板片状的坡道自身具有轻盈的效果。

该案例是架空虚形运用的典型，配合倒圆锥实形，最大限度地塑造升腾而去的轻盈动态。结合螺旋飘逸的坡道板片，形式要素不多，但形态变化丰富；组织层次不多，但视觉效果清晰强烈。

图 4.2.2.8　尼泰罗伊当代艺术博物馆 1（左上）
图 4.2.2.9　尼泰罗伊当代艺术博物馆 2（右上）
图 4.2.2.10　尼泰罗伊当代艺术博物馆坡道（左下）
图 4.2.2.11　尼泰罗伊当代艺术博物馆航拍（右下）

表 4.2.2.1   尼泰罗伊现代艺术博物馆形式组合表

造型体系		组合描述	显著性	造型效果概述
要素类别	体块	1 个倒圆锥体块	显 +	一个体块与一个曲线旋绕板片坡道类别不同，是个性鲜明的组合；体块为主，板片坡道为辅；体块本是有重量感的元素，但形状特殊；板片具有轻盈的视觉效果
	板片	曲面旋绕坡道——板片	显 +	
	构架	少量独立柱支撑坡道——构架	隐	
数量		1 个主体块，1 个板片坡道，少量支柱构架	显	一个体块与一个板片，数量维度简明扼要
分合状态		主体块与坡道板片大部分分离，仅在二层主入口处相接，可视为虚连接；支柱与板片坡道底部直接相连	显	两个个性鲜明的造型元素彼此大部分分离，各自表达其个性
位置关系		主体块和坡道均架空脱离地面、位于上部，支柱构架位于下部；平面方位上，坡道与主体块在侧面虚连接	显 +	主要体块的形状独特，底部架空是突出特征，如同天外来客的飞行器；坡道板片形状独特，且长度特征突出；漫步坡道如同登机
轮廓形状		主体块几乎完全架空，底部为架空虚形；主体块实形部分为倒圆锥形；是基本几何形；坡道板片为螺旋上升形态，是特殊复杂几何形；坡道支柱为圆柱体和长方体	显 ++	
基础几何尺寸		主体块长宽高尺寸不突出，坡道板片拉长，长度上显著	显	
对称性		主体块中心对称，坡道不对称，支柱单体对称	显	主体中心对称、完整封闭，成为视觉焦点；坡道的不对称补充对比因素
质感之透明与反光		主体块和坡道主要部分不透明、不反光；体块中部设环状水平长窗，部分情况下呈现透明；坡道栏板部分半透明	隐	不注重表现透明和反光；主体块的不透明产生一定的视觉重量感，有举重若轻的效果
质感之表面形态		体块和板片均不作表面次分	无	不表现次分面
动感		主体建筑向上动势明确，架空升腾感强烈，为常规机械动态；螺旋坡道为旋转上升动态，是平移、旋转常规动态的复合	显 ++	架空升腾动势与螺旋向上动势复合，效果强烈
轻盈感		下部大部分架空，带来建筑的轻盈感，与向上的动势相结合；坡道栏板部分半透明，进一步减少重量感	显 ++	轻盈效果强烈

质感轻量化

从建筑表面材料的质感特征上，也可以形成质感的轻量化。光亮与透明的表面通常让人感觉轻盈，而灰暗、密实的表面给人以沉重感。

瑞士建筑师赫佐格与德穆隆事务所的一些作品在混凝土表面通过丝网印刷技术印上了二方连续的图案，使得原本沉重密实的混凝土看起来变得有些许透明和轻盈。而各种留孔或打孔技术的运用，也使得建筑表面的光学属性和轻重感觉得以改变。

由日本设计师妹岛和世、西泽立卫设计的纽约新当代艺术博物馆在体块表皮上也颇费心思。向上堆砌的数个体块大小各异，位置关系上有前后左右的错动位移，但是设计师担心"只是一些盒装结构可能看起来太粗糙、晦暗"。而设计地段的狭小局促，促使建筑师考虑一种能够融入周围环境的表面"质地"，"打孔铝网发亮、发白、透明。在亮度、精细度和渗透性方面赋予建筑物一种完全不同的感觉。双层外立面赋予建筑体量表面以深度和通透感。[28]14-15"该建筑与周围建筑迥异，但相对于周围街区建筑的杂乱，SANAA 的设计对城市环境的提升作出了贡献，这正是一种积极的建筑形式差异化。

日本文化中对于通透、轻盈、简约的偏好延续到SANAA事务所理念中。这也提示出，当代建筑质感的差异化，也包括其他特征的差异化，可以源自传统文化积淀，变化不是无源之水，它可以是区别于以往的新变化，也可以是某种传统的当代复兴。

图 4.2.2.12　纽约新当代艺术博物馆（左）
图 4.2.2.13　纽约新当代艺术博物馆夜景（右）

日本建筑师隈研吾在其职业生涯中数次改变其风格和追求。近年来，通过"非物质化"的细密材质，实现与环境的融合成为他的一个新的兴趣。材料被细分至极致，以达到视觉上的某种"虚无"。与妹岛和世一些作品的表皮处理类似，建筑的质感以及表皮构造成为营造视觉之轻的重点。

图 4.2.2.14　隈研吾设计的 hiroshige-ando 博物馆 1（左）
图 4.2.2.15　隈研吾设计的 hiroshige-ando 博物馆 2（右）

彼得·祖姆托设计的布雷根茨艺术馆，近似立方体的单一体块主要在表皮质感属性上塑造特征，另外，鱼鳞状的半透明玻璃板构造也可以看作是在构造层面和构造尺度上进行表面细分。接近正方体的体块经过精巧的质感处理，变得轻盈起来，表层的吸引力促使人们进入内部探寻。

图 4.2.2.16　布雷根茨艺术馆

在中国国家大剧院案例中，体块的质感特征对于营造幻象是极为重要的一个维度。3.55万平方米的水面主要感觉为半透明的属性，兼有反光特性。建筑体块的最终处理与之相辅相成，主体为反光，少部分为半透明。反光由覆盖半椭球表面的18000多块钛金属板产生，总面积超过30000平方米。钛板表面经过特殊氧化处理，具有漫反射的金属光泽。半椭球中部，对应着南北主轴线，为渐开式玻璃幕墙，由1200多块超白玻璃拼接而成，产生"半透明+反射"的效果。这些处理方式涵盖了上述透明与反光类型的大部分特征，密切联系着"水上明珠"这一视觉目标。

可以说，当代建筑中对于通透、开放的追求极大地促进了透明、半透明形式的发展，而对于体块的强调也进一步引发了其表面吸引力的问题。透明与反光带来了建筑表面变幻莫测的新感觉，在视觉上也增加了一层与环境的互动。

珍妮·甘设计的81层的酒店及公寓获得了由全球建筑资料库"安波利斯"评选的"2009年安波利斯摩天楼大奖（Emporis Skyscraper Award）"。从远处看，这栋250米高的大楼外观很普通，走到近处，其表皮流动的形态让人惊叹。大楼立于密歇根河畔，名曰"水（Aqua）"。其玻璃外表皮和阳台有一种波动的效果：分层板片水波状延伸，在立面上形成质感的同时，将体块水平板片化。表面形态的迷人之处在于"细分表面的多重性、繁复性和波动效果"，细分表面的同时组合了水波自然形和波浪动态——表面形态和轮廓形状维度的复合。这种多维度复合特征让人不能短时间看清楚、想明白，因此渴望多看几眼。

由于本书主要关注建筑形体方面的变化，对于表皮质感处理不再深入论述。

图4.2.2.17 中国国家大剧院（左）
图4.2.2.18 "水"大厦（右）

4.2.3 混杂：对秩序的有限度破坏

在《建筑：形式、空间与秩序》一书中，作者程大锦说道，"秩序不单单是指几何规律性，而是指一种状态，即整体之中的每一个部分与其他部分的关系，以及每个部分要表达的意图，都处理得当，直至产生一个和谐的结果。[4]338" 秩序是为了应对建筑设计中必然存在的复杂性、多样性和多层次性。在诸多复杂性因素中进行重要性排序，在多样性需求中进行取舍，在多层次性表达中理清线索，这都是关于秩序的操作。

对秩序的追求，在价值观层面上目的在于和谐，在于将建筑的原理类比于某种世界、宇宙的原理；在实践操作层面上，是以组织排序为基础。各种因素、需求、目标被清晰完整地安排，为建造活动作出准备。在受众认知层面上，一个有秩序的设计代表了较高的认知效能，人们可以方便快捷地认识到建筑的各部分及其关系，高效地使用它们。

在第 3 章谈及的形式要素组织方式就是获得秩序的具体工具。"许多组织排序的原则也相继出现。不同的计划和建筑方法、不断改变的环境和对环境不同的诠释，再加上因人而异与因地制宜的因素，为几个世纪来的空间设计带来各种不同的观点，发展出许多不同的风格。[30]"

无秩序又指的是什么？一种含义当然是指缺乏秩序。但这并不全面，秩序是有层次的，整体上无秩序，局部或部分则可能是有秩序的，只不过部分的秩序之间不协调，缺乏条理和规则。反之，有时候，在无秩序状态下，各部分的关系纯粹是偶然性的，也可能形成一种良好但无规则的关系，例如：物理学中描述的，一定数量的花粉在水中进行随机的布朗运动①。因此，有秩序可以被看作是被一种总体原则支配下的组织排序，而无秩序则不然。"无秩序的系统显示出高度紧张，直接趋向于消解，因此张力减小。当一个场里的各种力可以相互作用时，它们在可以获得最佳秩序的方向中重新组织。当然，一旦各种力被凝固了，这种自由就不可能再获得了。[31]"

在建筑设计中，彻底的无秩序因为趋向于消解而没有意义；而固定僵化的秩序也将使建筑缺乏自由的感受和视觉张力。本节讨论的混杂，并不是指完全的无秩序，而是指建筑的某些局部的秩序打破了总体上的组织秩序，带入了局部的混杂状态——一种不纯的秩序。

———————————————————

① 在显微镜下看起来连成一片的液体，实际上是由许许多多分子组成的。液体分子不停地做无规则的运动，不断地随机撞击悬浮微粒。悬浮的微粒足够小时，受到的来自各个方向的液体分子的撞击作用是不平衡的。在某一瞬间，微粒在另一个方向受到的撞击作用强，致使微粒又向其他方向运动。这样，就引起了微粒的无规则的布朗运动。

追求纯粹的秩序与提供一种不纯的秩序，属于不同的美学样式追求。

奥地利的著名建筑师事务所蓝天组（Coop Himmelblau）设计了洛杉矶中心区第9高中。这个高中被标榜为"一个面向未来的学校"。校园建筑包含了音乐、舞蹈、戏剧和视觉艺术教学设施。

在平面布局中，如果忽略局部的特殊形状，我们几乎看到了一个相当古典的半开放院落式布局，而院落中的圆形建筑更是强调出用重要建筑占据空间中心的意图——一种中心化的古典取向。

如果转而在人视点观察建筑，总体秩序变得难以认知，代之以局部突出的特殊形态——棱锥体的变形、曲线螺旋坡道（数字9的形状）和异形构架。在主入口视角的远端，位于院落中的圆锥体体块依然古典，但是在视觉上被近处上述特殊形体抢去了风头。在总图中被并不突出的局部秩序在某些视角上挑战了骨子里的古典秩序。

蓝天组曾被称为解构主义急先锋。然而对于秩序的解构，前提是需要与秩序本身作对比。这是一件有趣的事情。

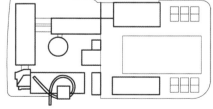

图 4.2.3.1　洛杉矶中心区第9高中（视觉与表演艺术高中）（左）
图 4.2.3.2　洛杉矶中心区第9高中平面布局（右）

Eric Owen Moss 建筑事务所也以运用强烈刺激的建筑形态而著称。在其设计的"伞"项目中，在主要而规整体块的角部，设置了一个特殊形态的平台——给音乐表演、演说者或是午餐后眺望风景。

建筑的用途是服务于美国加州的创意产业，设置这样一个特殊形态的刺激物，的确可以让人产生多样化的联想，可以算是激发想象力的一种手段。从本书角度，这也是一种不纯的秩序，一种适度的混杂。

格雷姆肖（Grimshaw）于 2005 年设计了图 4.2.3.5 中的钢铁博物馆，部分炼钢设备作为工业遗迹被植入到新的博物馆之中。工业生产的巨型构筑物提供了一种工业化大生产的秩序和视觉形象。它是如此之强烈，以至于新建的博物馆主体也带有厂房风格。

在此，我们再次看到了混杂、拼贴、植入，我们的视觉似乎也基于生物机体排异反应而对此类植入产生强烈反应。这不是传统美学中的统一、和谐，却仍然在我们视觉容忍度以内，两者的混杂产生了基于冲突的张力，富于视觉吸引力。

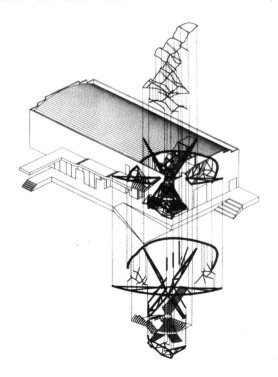

图 4.2.3.3　"伞"（左上）
图 4.2.3.4　"伞"轴测分析图（右图）
图 4.2.3.5　钢铁博物馆（左下）

由盖里设计，2000 年落成的实验音乐厅秉承了他的惯常的手段：在要素类别上以体块为主；形状上为自由曲面；数量组织上是多个形体的组合；质感上习惯使用反光金属材料作为表皮。

该案例中，主要的自由曲面体组合形成主要的秩序，这秩序已经全然不同于常规的与传统的。屋顶突然出现的数条半透明构架和板片成为与体块相对比的"秩序破坏者"。盖里自己营造了一个极具差异性的新秩序，再进一步制造新的变化。

关于本节讨论的秩序及其混杂，可以作出如下小结：

1）秩序具有层次性，在细部—局部—整体中都存在相应的秩序。结构越复杂、层次越多，对秩序组织能力的要求也越高。

2）秩序从不同的视角来看可能存在不同的判断，比如，总体布局（总平面）中较有秩序，而人视点中表现出较多的混杂。

3）偏离主要秩序的局部秩序变异往往显示出较强烈的动态张力，视觉吸引力较强。

4）局部混杂的秩序如同纯粹物质中混入的杂质，只要整体上的结构和秩序足够强大，可以兼容这种混杂和不纯的秩序。

5）如果整体秩序严重不足，或是过多的复杂样式、要素、特征和组织关系混杂在一起，整体就会趋向于离散，严重的无秩序在设计中几乎不可接受。

6）秩序如同形式特征、组织一样，可以发生变化和创新。

图 4.2.3.6　实验音乐厅，盖里设计

4.2.4   失衡：对平衡与均衡的挑战

在视觉艺术中，平衡的目的是恰当地分配要素的视觉比重。这是视觉效果的需要，也是艺术作品结构的需要。类比于物理作用，寻求平衡是一种动态过程，是作用力与反作用力相互制约的过程。

"我们总是致力于谋求平衡，以获得心灵的安宁。[5]75"

平衡感与前述对称组织方式关系密切。在绘画等平面艺术作品中，平衡大致分为对称式与非对称式两大类型。

古典建筑中，通过对称布局获得对称平衡是很常见的手法，在现当代建筑中，仍然被广泛使用。在多层和低层建筑的平面中不对称布局，也已是现当代建筑的通常做法。但在高层建筑中，由于结构的限制，要打破对称式的均衡需要付出额外的代价。

本小节讨论对均衡的挑战，主要以当代高层建筑和高耸的构筑物为例。

▲当代高层建筑打破了均衡与稳定。

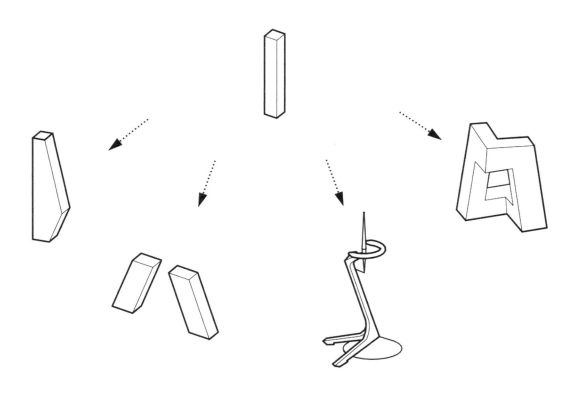

图 4.2.4.1　失衡的表现可能性分析

失衡案例分析

电视塔常常成为各大城市的地标，而高度（尺寸特征）是其主要特征，这是由电视信号发射功能确定的。

纤细修长的支撑体顶部托举一个扩大的圆盘、圆柱或圆球状观光厅，这几乎成了大多数电视塔的标准造型。电视塔本身相对其他的建筑物极具标志性和差异性，但对于电视塔这个类型自身而言，塔尖高度几乎是唯一重要的指标。

卡拉塔拉瓦设计的巴塞罗那奥林匹克体育中心电视塔在绝对高度上远不及世界著名的电视塔，然而设计师在顶部创造性地运用镂空虚形，在虚实组织方面与绝大多数电视塔顶部的全实体造型拉开差异。

在这之后，卡拉塔拉瓦还重点表演了"平衡杂技"。电视塔底部仅仅依靠3点支撑，而常规电视塔通常都有一个巨大的基座扎实地立于地面。3个支点是稳定的充分条件，也是必要条件、最少条件。

电视塔的主体，一反常态倾斜上升，快到顶部时再突然折返回到重心线，画出一个折线"S"形。倾斜打破了垂直的稳定与平衡，S形折返将通常的垂直塔身变成了一系列悬臂构件，导致结构内力计算复杂了很多。

图 4.2.4.2　左起分别是：澳大利亚奥克兰天空塔（328米）、悉尼电视塔（304.8米）、上海东方明珠电视塔（467.9米）、巴塞罗那奥林匹克体育中心电视塔（136米）

顶部的镂空环状体为最终的表演作出铺垫，在重心线处垂直设置针状体，是杂技表演的高潮，最后的一个动作之后，最终达成了临界平衡状态。

在对于静态的表现中，临界静态与稳定静态是两个不同的状态。其中，稳定静态是常见特征，而临界静态十分罕见，距离真正的失衡只差一步。巴塞罗那奥林匹克体育中心电视塔正是围绕一种临界稳定的状态塑造每一部分的造型。

S形折线悬臂如同强有力的男演员，环状体是柔美轻盈的女演员，针状物是这两人共同在最高处托举的特殊道具。这种瞬间达成的"悬念美感"惊险刺激，极大地调动了人们的视觉认知兴奋度。

如果我们的视线从电视塔底部沿着塔身的走势依次观察，可以看到如下表演：打破平衡—重返脆弱的平衡—制造更大的不平衡—再重返更脆弱的平衡—在终端施加最后的那根稻草—岌岌可危的平衡瞬间仍维持不破。这就是产生临界平衡造型的一个模式。临界稳定状态需要在稳定与失稳之间精妙地微调，结果当然需要是稳定坚固的，过程却刻意给予曲折的表现。

图 4.2.4.3　巴塞罗那奥林匹克体育中心电视塔全景

临界平衡在瞬间达成，似乎随时又会失衡溃散，让人提心吊胆又赞叹不已。这种悬念激发了观众极大的好奇心，临界平衡达成后，又会产生心理满足，构成了极具悬念的美感。在建筑设计中表现这种临界平衡状态，是对地球重力的巨大挑战，需要高超的设计技巧和精确的结构计算。卡拉塔拉瓦显然也属于建筑师中的炫技派，他的许多设计方案都在表演杂技式的临界平衡，这成为他的建筑造型标签。

在当代高层建筑物中表演失衡的案例也逐渐增多。

墨西哥城的Bicentenario塔楼具有"大腹便便"的形状，在楼体中段向一侧突出，刻意制造不平衡的感觉，挑战结构抗失衡倾覆的能力。

蓝天组设计了维也纳煤气罐改造项目的加建大楼。大厦在形体中段弯折倾斜，增加高层建筑倾斜动势的同时，赋予建筑一定的不平衡感。

在第3章讨论过的北京央视新主楼，则是打破平衡状态的极端案例。虽然央视新楼创造了一种基于失衡的新的美学样式，但为此也付出了很大的经济代价。这使得人们有理由质疑这种过度的形式变异。

图 4.2.4.4　Bicentenario 塔楼墨西哥城（左）
图 4.2.4.5　维也纳煤气罐改造项目（对页）
图 4.2.4.6　北京央视新主楼悬挑结构施工（右）

4.3　本章小结

1）对于形式要素及其组织方式进行理性层面的研究之后，有必要从感性层面对这些效果和美学样式变化作出一定的研究。形式效果及相应的美学样式是当代多元文化的一种响应，处理得当时，新的美学样式对城市环境可以作出积极贡献。

2）形式效果和美学样式是一种基础性的感官感受，也包含了想象与情感。形式效果可以直接从人们的视觉感受中总结提炼出来，用众多感受性的词汇描述，比如：动感、轻盈、通透。

3）任何视觉效果的呈现离不开具体的形式要素及其组织；而在选择形式要素类型、赋予其特征、进行要素组织的各环节中，形式效果和美学规律可以发挥引导作用。

4）本章讨论的形式效果主要是指引发的视觉特征之外的其他效果和感觉，即移觉效果。移觉的基础是视觉。特殊的视觉特征及其组合引发了移觉，如动感、轻盈。

5）形式效果和美学样式种类繁多，难以计数和归类，且仍旧处于日新月异的变动之中。本章选取近年来的一些热点进行讨论，包括：动感、轻盈、混杂、失衡。

6）我们是在一个心理场中，而不是在一个物理场中讨论所谓建筑形式的动感。心理场中的动感与视觉的力、心理的力密切相关，呈现为丰富多彩的视觉动力样式。

针对造型整体或体块等元素的动、静趋势进行了分类，在此意义上，动感也称为动势。参考物理运动方式和动感的视觉效果，动势之下分为常规机械动势和特殊突变动势两大类。其余概要分类如下：

（1）常规机械动势

　　①平移式；

　　②旋转式；

　　③收放式。

（2）特殊与突变动势

　　①连续性特殊动势；

　　②离散性特殊动势。

动感属于形式效果，要想产生动的效果，需要在形式要素和组织方面综合运用不同的造型设计手法。

7）重量感中的轻盈感也是一种移觉效果，是靠基本的视觉特征经过特殊组合实现的。轻盈感主要表现为建筑视觉上变得轻盈。建筑形式要素上的板片化、构架化，以及底层架空、动势配合等手法可以形成建筑轻量化的特点，质感上的透明、通透和反光等处理也可以辅助实现轻盈感。

由此区分两大类轻盈感：
（1）形态轻量化；
（2）质感轻量化。

8）秩序是指整体之中的每一个部分与其他部分的关系处理得当，整体上产生一个和谐的结果。有秩序可以被看作是被一种总体原则支配下的组织排序，而无秩序则是各部分的秩序之间不协调，整体上缺乏条理和规则。

秩序具有层次性，在细部—局部—整体中都存在相应的秩序。结构越复杂、层次越多，对秩序组织能力的要求也越高。

偏离主要秩序的局部秩序变异往往显示出强烈的动态张力，视觉吸引力较强。

局部混杂的秩序如同纯粹物质中混入的杂质，只要整体上的结构和秩序足够强大，就可以兼容这种混杂和不纯的秩序。

9）平衡的目的是恰当地分配要素的视觉比重。寻求平衡是一种动态过程，是作用力与反作用力相互制约的过程。

在高层建筑或构筑物中，几乎就要失衡的临界平衡形成一种悬念，激发了观众极大的好奇心，构成了极具悬念的美感。

但是，在高层建筑设计中真正打破对称式的均衡，需要付出额外的代价。过度追求失衡的美学刺激，将引发诸多不合理状况，不值得提倡。

5 走向新整合

5.1 形式差异化策略初探

形式要素（特征与类型）、要素组织和形式效果都可用来描述当代建筑形式的变化，可以说这 3 方面可以作为思考形式差异化的若干维度。其中，形式效果是感性层面的，而其余两者是理性层面的。

本节从实践角度关注这 3 方面的问题。换言之，在建筑设计实践中，这 3 个方面也可以作为形式差异化的实施方向，是理解形式变化与塑造形式变化具有共通的理论基础。在形式设计实践中对这一理论的应用，构成了形式差异化的若干策略。

多维度形式差异化策略

形式要素类型、形状、质感、尺寸、色彩、数量组织、比例、虚实组织、对比组织、位置关系、拓扑关系、网格、对称性、各种形式效果，都可以视为形式差异化的维度。

另一方面，每个维度之下存在不同倾向的特征或组织方式。例如，实形与虚形构成虚实组织维度两种倾向，或者说，实与虚是不同倾向的两极。形状维度之下也有不同的选择倾向，比如几何形与非几何形（自由形）。另外，尺寸维度中有高与低、厚与薄、长与短；形式效果中的动势有动与静；色彩维度中有冷暖对比、色相对比、明度对比；方位维度中有垂直、水平与倾斜……都是一系列同维度的不同倾向。

在与不同案例或环境的比较中，某种特征是常见的、趋同的，而另一端的特征是罕见的、有差异的。比较的范围不同，特征的差异化属性也可以互换。比如在一群复杂曲面体造型中，一个单独而纯粹的正方体造型反而是有差异性的异类。

在如此多的方面进行形式差异化，如何在形式要素、要素组织和形式效果 3 个方面进行选择？从哪方面下手进行形式变化？这些策略是否具有优先级？

首先，从理性层面或感性层面入手进行形式差异化都是可行的。考虑要素类型、特征和组织，继而进入到感性层面考察其效果；或者先确定所需形式效果，再从要素类型、特征和组织方式中选择能够表现该效果的部分，进行理性层面的组合。更常见的情况则是理性层面与感性层面的往复互动、彼此协调。两者的区别在于，位于感性层面的动感、轻盈、混杂、失衡等形式效果，是从受众的直观视觉感受出发的。从视觉效果出发考虑设计问题，是一种强化视觉表现性、将设计工作艺术化的倾向。而位于理性层面的要素类型、特征和组织更具有直接的操作性，更贴近建筑师的一般工作步骤。从理性层面出发，趋向于直接解决建筑问题，较为实用。

从形式效果出发时，追求何种效果，主要取决于建筑师的个人选择和艺术偏好。优秀的建筑师大多对于建筑形式效果有个性化的追求，形成了自己的研究领域和个人风格；另一方面，形式效果也会因为不同项目的具体要求作出适当调整。

从理性层面的要素类型、特征和组织出发，主要基于建筑师及其团队的工作方法和解决问题的步骤。将复杂的建筑问题化解为各部分的空间形态和特征以及各部分的组织关系，并进一步匹配结构、组织功能。

虽然本书将形式组织过程区分为要素类型、特征、组织方式和形式效果等方面，但高明的建筑师可以将这几方面自由地融合。本书对于形式设计方法的总结归纳固然重要，而灵活地运用它们则需要每一个建筑师独特的智慧。

除了形式差异化的优先级，还需要考虑以下多维度形式差异化的一些策略：
1）形式差异化的各维度都可以作为变化的出发点。在多维度上进行变化，可能产生变化的叠加效应。
2）在多个可变化的维度中，通常可以选择少量维度作为主要变化维度，获得主要差异性，进而在其他维度上配合主要变化维度，进行特征选择和要素组织。

本节通过若干案例，分析上述多维度形式差异化策略的整合过程。

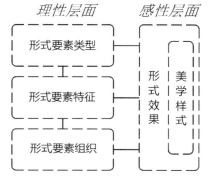

图 5.1.1　形式差异化的若干方面

案例 1：北京通州彩虹之门

北京通州彩虹之门①未来将成为通州新城的地标性建筑。其主要造型特征是：一大一小两个抛物线双拱形半透明体块，在平面上垂直交叉，在空间中彼此分离。这实际是在以下维度上进行差异化形式组合：虚实组织、轮廓形状、数量、分合状态、位置关系。

虚实组织中引入了不常见的镂空虚形，是有一定差异性的门式建筑的再组合。轮廓形状维度中，底部的正方形平面向上变化至抛物线的曲面拱形轮廓，是特殊的几何体造型，具有差异性。区别于已有门式建筑顶部方整的形态。

数量组织维度上，采用两个门式体块，区别于单一"大门"。

分合状态与位置关系维度相互配合，两个门式体块平面中垂直交叉而空间中彼此上下分离。与简单平面并置的门式建筑拉开差异。

在材质质感、色彩方面，彩虹门与时下流行的玻璃幕墙建筑则差异性不大。

这类门式建筑原本数量不多，但近几年其造型差异性被发现被滥用。在高层建筑中，各种"大门"开始泛滥，逐渐失去了差异性。例如，苏州的东方之门（秋裤门）与央视的"大裤衩"一并被网友讨论。从本书角度，东方之门没有央视大楼的倾斜回环动感，也缺少彩虹之门的双体块分合交叉重组，仅采用空中连接造成镂空虚形，差异性已然不足，标志性等级相对较低，加上造型的不雅联想，可能沦为不成功的标志性建筑案例。

央视新主楼和通州彩虹之门方案，为了与其他建筑造型相区别，在不同维度中倾向于采用少见的特征和组织方式。也就是说，如果没能在单一维度上拉开差异，还可以进一步在多个维度上，累积差异性。

---

① "彩虹之门"兼具了观光、公寓、酒店、办公、商业、地下停车等多项商务功能，位于北京市通州新城核心区五河交汇处，占地面积 4.68 公顷，建筑总面积约 75 万平方米，建筑净高 315 米。彩虹之门总体工程估价约为 168 亿元人民币，预计 2013 年内动工，具体建成日期尚未确定。

▲门式建筑在虚实组织、轮廓形状、数量、分合状态、位置关系等维度上进行了差异化形式组合。

图 5.1.2　北京通州彩虹之门效果图（左上）
图 5.1.3　苏州东方之门与央视新楼顶部方整（右上）
图 5.1.4　单体门式建筑，三亚凤凰岛会议中心（左下）
图 5.1.5　平面并置的门式建筑（右下）

图 5.1.6　德国柏林犹太人大屠杀纪念碑组图

案例 2：德国柏林犹太人大屠杀纪念碑

彼得·艾森曼设计的德国柏林犹太人大屠杀纪念碑是体块数量的极端化的案例，在 3.1 节中分析了该案例在数量组织上的特点。在形式组织的其他维度上，该案例需要随之作出相应的配合。

其他问题的解决、其他特征和组织方式的匹配

选择了极多数量体块，也就是确定了数量组织作为首要差异性，其他的形式处理方式需要与这种极端的差异性相配合，最终形成完整的造型设计。

体块占据场地面积的比例

体块占据场地面积的比例是接下来需要考虑的问题，这一问题事关体块几何尺寸。如图 5.1.7 设定了两种情形，体块实际占地面积约场地面积的一半以及占地约 1/10 时，给人的感受区别很大，确定了实体所占面积，观者体验区的面积（即负形，空间的部分）也就确定了。

从建成效果来看，行人通道按照两人可对向交错通过的宽度设计，碑块短边的宽度比行人通道还略大，数千碑体离而不散，纪念死者占据的空间超过了生者可活动的空间，凸显了这一场地的纪念性。行走在碑林之间的人有极大的压迫感、紧张感，由于视线受阻，还不可避免地伴随着迷失与彷徨。

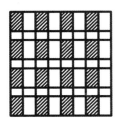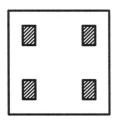

图 5.1.7　德国柏林犹太人大屠杀纪念碑分析：左为本案例占地方式，右为体块占地面积小的情形

之后的设计问题是，石块如何排列？

阵列式正交网格是最终设计师的答案，图 5.1.8 是对比在正交网格里交错布置或是随机分布的方案。

这个问题关乎人的直接体验，也关乎实际施工时混凝土碑的定位方式。深层次也涉及墓地的仪式感，甚至是大屠杀可怕的计划性和无可避免的悲剧宿命。

从体验方面，交错布置或是随机布置所暗示的探索、好奇、动态氛围与纪念碑属性不符，且施工时 2700 余块巨碑的现场定位也过于复杂无序。深层次方面，考虑到仪式感以及每个纪念碑的平等性，也优选正交网格阵列布置。整个场地被方形铺地砖铺满，如同一张均质的正交网格纸，每个纪念碑的定位依据地面铺装即可。网格组织方面遵循了常规方式，虽然没有变化，也同样是深思熟虑后的选择。

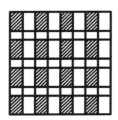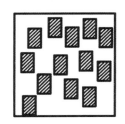

图 5.1.8　德国柏林犹太人大屠杀纪念碑分析：正交网格布置与随机布置

每个纪念碑的形状、大小和三维尺寸的确定

形状——由于与大屠杀、坟墓、棺材的联系，单体纪念碑的形态确定为长方体。这个设计决定并不难达成。

平面尺寸大小——纪念碑单体的平面尺寸约 1 米 ×2.5 米（占据地面 8×20 个网格），这个尺寸比常规的棺材略大。如果比常规棺材尺寸小，则无法体现出对逝者的尊重，如果过大，则脱离人体尺度，不像棺材，类似大型产品包装箱。

平面尺寸是否变化？——每个单体平面尺寸相同。这个设计决定容易达成，生命的平等性、墓地的严肃性、网格的均质性都是相应的理由。

高度这个尺寸变量如何处理？——高度一致时，将呈现完全一致的网格和相同的长方体重复 2700 余次。这样的极端一致性放弃所有个体差异性，观众体验过于单调，故高度有所变化是合理的。

碑林阵列顶部起伏与地形动势

变化碑林阵列高度，使之产生起伏动势，大的方面有两个可能性：一是单体高度不变，让地形起伏，碑体随之有高度变化；二是单体高度变化。

前者的问题有二，一是在局部范围内，碑体高度相对于人体高度仍然是一致的，没有解决体验单调的问题；二是从碑林外部远观时，发现碑体随着地形起伏而布置，地形因素将比碑林本身更重要，碑体成为地形的点缀，这不符合纪念性要求。

单体高度如果变化，其变化幅度、变化趋势以及与地形的关系是需要决定的问题。最终的设计结果是碑体高度在 0.25 米至 4.7 米之间变化，变化趋势是有规律的、缓和波浪状起伏的。而地形也存在一定的起伏变化，但从外部看是隐藏于碑林本身的高度变化中的。进入碑林内部，可以体验到仿佛两股波浪相互叠加，地形的波谷处可能正是碑林的波峰。平缓处，低矮的碑体给人以开敞的视觉体验；波谷和波峰叠加处，碑林高耸，给人强烈的封闭陡峭的感觉，胁迫而压抑。

地形方面，两种可能：一是地形平坦无起伏；二是地形有起伏。如果地形平坦，只有碑体自身进行高度起伏变化，参观者的体验类似于进入大仓库，周围是大箱子一般的堆积物，或是进入一个缩微版的集装箱码头。传统纪念馆或纪念碑置于高台之上，参观者拾级而上产生崇敬之感，而平地上行走相比之下显得过于平淡普通。显然，在一个纪念性场所，不能缺少地形起伏对于观众情绪的调动。

如果地形有起伏，有两种可能：一是地形起伏与碑林起伏一致，波峰与波峰、波谷与波谷相叠加；二是地形起伏与碑林起伏相抵触，地形低洼处是碑林高耸处。第一种情况下，高碑体置于高地之上，低矮碑体置于低洼处。这种动势在颂扬适者生存的丛林规则，而非对犹太人大屠杀悲剧命运的纪念与反思。选择第二种动势叠加则是适宜的：地形暗示黑暗的命运沉沦，碑体的增高意味着生命的挣扎，爬出地面获得生存的渴望。观众参观到地形低洼而碑体高耸处，相信会不由自主加快脚步，摆脱沉闷压抑的生存胁迫感。对于死难的犹太人而言，无论他们中的个体曾经如何挣扎，终究没能走出这片墓地，地形与碑林动势设计传达出这样的悲剧与宿命论，令人唏嘘感叹。

设计要点小结

1）体块数量极多，成为首要特点，形成极大的变化。

2）大多数体块彼此分离，但间距接近单体短边尺寸，离而不散。

3）体块类别通常不作突出表现。

4）由于体块数量众多，单体均为不透明灰色混凝土材质，透明性无特殊之处。

5）单体几何尺寸与整体群体规模相比显得渺小，即"小而多"。单个体块的平面几何尺寸和位置关系这两个方面与观众体验密切相关。

6）因单体尺寸小，单体轮廓形状简单，无曲面元素。单体表面也不作细分，符合纪念性造型的肃穆要求。

7）群体动势的处理是一个重点。单体某个方向的尺寸变化，单体位置与排列关系都可以成为塑造群体动势的着力点，以体块高度变化和地形起伏变化塑造碑林整体动势，表达生死沉浮与悲剧宿命的主题。另外，由于众多体块可能占据广大的场地，地形起伏因素也可以加入动势塑造之中。

这个案例从生命个体出发、从观众步入其间的体验出发，大一统的单体纪念碑化解为一片碑林，极端的数量组织与设计师对于纪念性主题的不同解读方式紧密相连，并非简单求新求怪，而其他特征和组织方式也很好地配合设计主题，环环相扣，形成一个完整的、可多方面解读的佳作。

案例 3：德国汉堡易北河音乐厅

概况

易北河音乐厅的基地曾是汉堡的第一个工业用码头，它位于汉堡市区和易北河的交汇点。易北河音乐厅由多个部分组成，底部保留了老的货栈码头，上部新添加的玻璃建筑里有一个 2200 个座位的主音乐厅和一个 550 座的小音乐厅，还包含 45 套公寓住宅和一个五星级酒店，建筑总高度约 110 米。新的音乐厅是由瑞士建筑事务所赫尔佐格和德梅隆建筑事务所（Herzog & de Meuron）设计的。

动工之后，货栈码头的内部被彻底拆空，仅保留红砖外墙，为了支撑上部新增荷载，内部新设立约 600 根钢筋混凝土柱子。而原有货栈内部将改建为 600 个停车位的停车场，还包括音乐区后台和其他辅助功能区。在新旧建筑之间的"夹缝"是空中广场。

新建筑仿佛一大块漂浮的浮冰，其表皮由上千个玻璃构件组装而成，形态各异。在酒店区，透气窗被做成波浪形的舷窗；而住房的阳台就像是一个个马蹄状图案。这个音乐厅于 2007 年 4 月开始建设，但由于造价不断攀升以及技术和施工问题，开放日期一拖再拖。新的计划是，在 2015、2016 年的某个时候完成这个项目。

图 5.1.9　德国汉堡易北河音乐厅效果图 1（左）
图 5.1.10　德国汉堡易北河音乐厅效果图 2（右）

造型与空间的主要特点

波浪、冰山、航船……易北河音乐厅的外观给人以多重想象，个性鲜明，令人印象深刻。然而，这些特征不可避免地需要与1963年建成的德国柏林爱乐音乐厅进行对比。

柏林爱乐音乐厅由德国本土建筑师汉斯·夏隆（Hans Scharoun）设计，世界著名指挥家卡拉杨生前经常在此演出，并常常赞颂不已。建筑外观方面，一种说法是设计师受到船形启发；而在音乐厅室内方面，"音乐源自音乐厅的中央"是夏隆设计柏林爱乐音乐厅最主要的诉求，他认为将乐团置于大厅一端的布局阻碍了观众及乐师之间自由且强烈的交流，于是他将舞台移到音乐厅的中央，位于音乐厅的"锅底"，而观众席则分区分布在舞台四周，呈"梯田式"排列升起。

对比柏林爱乐音乐厅的外观照片和剖面，可以看出，赫尔佐格与德穆隆几乎就是将柏林爱乐音乐厅的主体整个嵌入了易北河音乐厅上部新增的体块中央。而有尖角的波浪状屋顶重复若干波形，延伸出去，覆盖了两端的公寓和酒店，形成一个硕大的、有若干角尖的起伏波状屋顶。

而易北河音乐厅新增体块的平面形状则完全与底部原有的码头建筑一样，为一端缩小的直角梯形。

嵌入柏林爱乐音乐厅的决定看起来是向前辈建筑师、向德国的现代音乐厅精髓致敬，而遵从原建筑平面可视为尊重历史，真正属于新创造的，则是如同冰块的半透明表皮处理，以及马蹄形的局部特殊玻璃幕墙立面。

质感中的透明性、轮廓形状、动静感是易北河音乐厅造型的 3 个主要形式组合维度，而位置关系、分合状态、重量感重要性次之。尽管屋顶与平面的原型来自借鉴和沿用，赫佐格与德穆隆事务所在易北河音乐厅造型中仍然做了重要的形式组合工作。

质感维度上，上部新增体块的特殊玻璃表皮同时具有透明性与反射性，在内部较亮透射出光线时，玻璃幕墙表现出更多的透明性；反之内部较暗、外部较亮时，表现出更多的反射性，反射周围环境与天空。这一点是多数玻璃幕墙的共性，并不显得特殊。为了赋予玻璃幕墙差异性，建筑师在这层表皮上斑驳地分布了马蹄形的凹窗以及略有凹凸的玻璃斑块。一方面打破了常规玻璃幕墙均质紧绷的薄膜状态，使得表皮具有深度感与厚度感；另一方面使得窗洞和斑块处的光学属性发生改变，半透明与反射、

图 5.1.11　德国汉堡易北河音乐厅模型俯瞰（上）
图 5.1.12　德国汉堡易北河音乐厅内部空间图解（下）

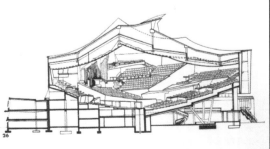

图 5.1.13　德国柏林爱乐音乐厅（左）
图 5.1.14　德国柏林爱乐音乐厅剖面（右）

明与暗发生交替。体块表面呈现出薄与厚、透与不透、明与暗的复杂效果。表皮之轻之薄与体块之重之厚，暧昧地混合在一起，反射与半透明的状态混合在一起。通常的玻璃幕墙多是单方面追求轻薄和反射性效果，在此意义上，易北河音乐厅的质感效果与常规做法拉开了很大差异。

　　虚实组织是形式组合的重要方面。新增上部体块是造型的主要部分，以实形为主，但也呈现了特殊的虚形特征：在上下体块结合处，通过上部体块的架空和曲面切挖形成局部镂空虚形；由于建筑濒临水面，还得以利用倒影虚形。

　　形状维度上，基座轮廓形状保持基本几何体（平面为直角梯形的直棱柱），上部体块平面与基座相同，通过弧面切削处理，成为自用几何体，顶面和底面具有复杂弯曲曲面体特征，可以获得类似波浪或冰峰的类自然形联想，变得容易理解记忆。从整体上看，建筑位于港口端部，又形似航船，具有人工现成物的联想。

　　这些多样化的轮廓特征与形象联想使得易北河音乐厅在轮廓形状维度上非常丰富。

　　重量感维度上，相对于下部沉稳的基座砖墙，上部玻璃幕墙体块已经具有"虚"、"轻"的视觉属性，这是总体层面的特征匹配。

　　下降一个层面，分别看上下体块。上部体块中，由于马蹄形窗洞、玻璃斑块和空中广场玻璃吊顶的处理，强化了厚度感和体块感，近乎于一块厚重的巨型冰块。反光表皮带来的轻与"冰块"之重形成复杂的暧昧状态。

图 5.1.15　易北河音乐厅新增体块表皮效果

而下部基座的原有砖墙被分段切开，一圈完整的墙面被切为 7 段，切口处露出楼板，将体块板片化。要素类别从体块向板片的转换，打破了原有码头工业建筑的沉闷，减轻了基座的视觉重量感。墙厚和楼板的暴露，使得基座原有的重量感中带上了轻薄的成分，同样是"暧昧的混合"。

在表皮处理和要素类别转换的手法之下，轻与重的特征在上下两部分中分两个层面进行了匹配与组合，叠加后的最终效果显得暧昧而复杂。

上述轻与重的双重复合效果不是建筑师偶然为之的，在一次采访中，建筑师谈及了他们长久以来关注的"复杂的感官体验"：

"在建筑里，'轻与重'除了表示一种物理特性以外，更多的是表示一种感性。透明的东西我们看起来觉得很轻；不透明的东西我们看起来觉得很重。这些分类带有欺骗性；这就是为什么我们想质疑并对它们进行研究的原因。因为这个原因，我们往往在建筑物的上面覆上一个薄薄的水层增加动感，另一种方法是把摄影图像印到混凝土表面。用图片给混凝土'纹身'以后，混凝土似乎有许多小孔，透光更好……简单来说，世界的物质现实要比我们想象的复杂得多，这个世界不像我们习惯认为的那么清楚有形。在我们的建筑里，我们努力把这种复杂性表现出来。

建筑必须把这种复杂的感官体验集中到一处，同时达到某种效果，吸引我们，向我们传达它的意义，向我们展示对它的诠释。[56]114"

这段话虽然谈的是轻与重，但显然同样涉及动与静、薄与厚、透明与不透明等一系列具有悖反意味的成对概念。这些概念具有实际的物理与现实意义，也同样是人们的心理感知概念。

赫尔佐格与德梅隆的设计关注点是以不同的"感官体验"，编织一种暧昧而模棱两可的状态，制造一种混合一体的复杂性。"复杂的感官体验"实际上就是本文提供的彼此对比的特征与组织方式，它们是实际的特征，也是心理的和感官体验的特征。在多个维度上，对不同层级彼此悖反的特征进行组合，这就是把"复杂的感官体验集中到一处"的方法，也是避免"清楚有形的建筑"的方法。

该案例的形式组合特点显著，具有很高的差异度，多个维度、多层级上的对比特征进行了复杂而有序的组合，形成丰富的解读线索和解读层次。

将易北河音乐厅形式组合列表如下。

表 5.1.1　易北河音乐厅形式组合表

形式组合维度		形式组合描述	显著性	造型效果与策略概述
数量		主体块数量为 2，上部体块的下部有 3 个主要的凹入空间虚形，顶部有 9 个主要的尖锐突起；基座外墙切分 7 段，基座体块主入口处 1 个凹入虚形	显 +	该维度第一印象为"双"，上下（新旧）两个体块形成鲜明对比；上下体块各自包含的特征数量则均为奇数
形式要素类别	体块	分为两个主体块，上部新增体块与上部主体块不再分层级	显 ++	体块为主，板片为辅，构架隐晦；上部体块完整、有力、结实、封闭，下部体块有板片化趋势，具有轻薄、延展的特征，显示出空间或体块的边界限定
	板片	基座外墙被切为 7 段，切口处显露楼板，体块板片化	显	
	构架	上下体块连接处柱网部分外露，可视为连接构架	隐	
要素类别比较（同类与异类，主与次）		上下两个主体块类别不同，上主下次；上部体块整块半透明为主，少量马蹄形凹入窗洞和玻璃幕墙斑块为辅；下部不透明砖砌外墙为主，竖条状半透明玻璃幕墙分段为辅；新增体块下部的 3 个凹入的虚形中两个直接相连，呈连续平缓波动状，另一个分离在另一侧，呈尖拱状，为不同类型	显 ++	上下（新旧）两个体块的异类对比形成主要视觉效果
分合状态		上下两个体块分离之后用柱网构架连接；基座外墙板片切为 7 段分离后，彼此间玻璃幕墙虚连接；3 个凹入的虚形两个直接相连，另一个分离在另一侧	显 +	上下区分体块，中间用构架和虚形连接，是特殊的手法
位置关系		两个主体块立面视角上下叠摞，平面轮廓重合；虚形（架空虚形和凹入镂空虚形）出现在立面整体的中部，即两个主体块的结合部，形成上实—中虚—下实的关系；中部 3 个凹入的曲面虚形，两个相连的虚形凸起处对应顶部的凹下的两个波谷，两个连续虚形的三个拱脚对应基座的三条竖向玻璃幕墙；另一个位于对面的长向立面，尖拱状凹入凸起处对应顶部波峰，拱脚落在基座实墙部分	显 ++	保留旧体块的大部分特征，将新体块置于上部，形成立面上上下分布的位置关系，较为罕见；新体块上的尖角元素上下有对位关系，尖角元素与旧体块的板状墙体大部分相对应，而避开板墙之间垂直的条状玻璃幕墙；基座板墙的水平环绕运动方向与上部起伏的垂直动势各自表述

形式组合维度	形式组合描述	显著性	造型效果与策略概述
虚实组织与轮廓形状	1）上下两个主体块主体为实形，上体块下部有曲面凹入的镂空虚形，下体块板片化分段连接处是虚连接；整体临水，有倒影虚形；2）上下体块连接处运用构架形成架空虚形（空中广场）；3）基座轮廓形状保持基本几何体（直角梯形直棱柱）；4）上部体块平面与基座相同，通过顶面和底面的弧面切削处理，成为特殊几何体；接近波浪或冰峰形态，是类自然形中的自然地形地貌；整体临水如航船，是现成物形；5）将上述主要造型降解，主体块直角梯形平面：方形和三角形，顶部波浪线：圆弧，可见方形、圆形和三角形是轮廓形状基础	显 ++	实形、虚形兼用；基本几何形与特殊几何形兼用；特殊几何形兼具类自然形和现成物联想；方、圆、三角兼用；效果丰富，对比特征分层匹配
基础几何尺寸	外包长方体的长宽高差异不显著，不特地强调某个方向	隐	整体上没有长宽高某一个尺寸突出，在进一步划分中注重上下体块的尺度对比，并强调出沿周长的尺寸变化
质感之透明与反光	基座体块不透明为主，上部体块半透明和反射为主；基座外墙板片化切段，分段处玻璃幕墙半透明；上部体块点缀表现深度的窗洞和表现厚度的特殊玻璃斑块	显 ++	半透明和略微反光上部主体块呈现冰山效果，与基座对比鲜明，效果强烈
动静感	1）上部体块波浪起伏效果显著，也类似冰山起伏，表现连续波浪动态；2）下部体块静态稳定，上下动静感对比；3）上部体块的顶面和侧面再一次分别包含强烈的动感与静态表面，动与静的悖反特征出现在同一个体块上；4）在下部基座中，原有砖墙表皮被切开为数段，似乎成为环绕基座的可移动板片，原本静态的基座被一层有游离感的砖墙板片包围起来，下部基座因此也同时具有静与动的特征	显 ++	整体以动为主，动与静的特征在总体与部分两个层次上进行匹配与组合，也就是将造型特征的双重性在两个层次上加以表现，获得引人深入解读的复合效果
重量感	1）上部玻璃幕墙体块具有"虚"、"轻"的视觉属性，下部基座沉稳；2）分别看上下体块，上部体块中，近乎于一块厚重的巨型冰块；3）下部基座的原有砖墙被分段切开，将体块板片化，减轻了基座的视觉重量感	显 +	轻与重，分别在整体和局部重复表现，轻与重的概念以不同的方式呈现与诠释

以上案例的分析可以看出：

通常的建筑形式与特殊的建筑形式共享着这些形式组合的维度。

常形与异形共同的基础是不同的形式组合维度以及各维度下不同倾向的特征和组织方式，这构建起一个形式组合体系。常形与异形之间的巨大鸿沟开始弥合。借助形式组合维度与倾向的不同组合模式，常形与异形可以相互转化，常与异的程度也可以加以控制。所谓异形，可理解为一种差异化形式组织的结果——选择差异化的维度和有差异性的倾向，进行特殊的形式组合。

差异性具有叠加效应，多维度差异化形式组合带来多维度差异性的叠加。

多个维度同时发挥显著作用，都成为效果上的主维度，随之而来的问题是，同时组织多个有差异性的形式维度变得很复杂，组合难度增加，在提升视觉丰富度的同时，各种特征的整合也变得困难。

多维度复合的过程实际上也是逐步解决主要造型设计问题的过程。

从设计时序上说，尽管是多个维度复合的过程，仍然需要优先确定形式组合的第一主维度，以产生造型的第一印象和最主要特点，其余维度根据具体设计条件确定优先级和时序。可以看出，每一个造型都是多维度的综合，某些维度造型效果显著，而另外一些作为辅助予以配合。在许多与众不同的造型中，有多个维度的特征具有差异性，发挥显著作用，带来对同一造型的多样化解读视角。

以下图解是对若干建筑造型的进一步解析。

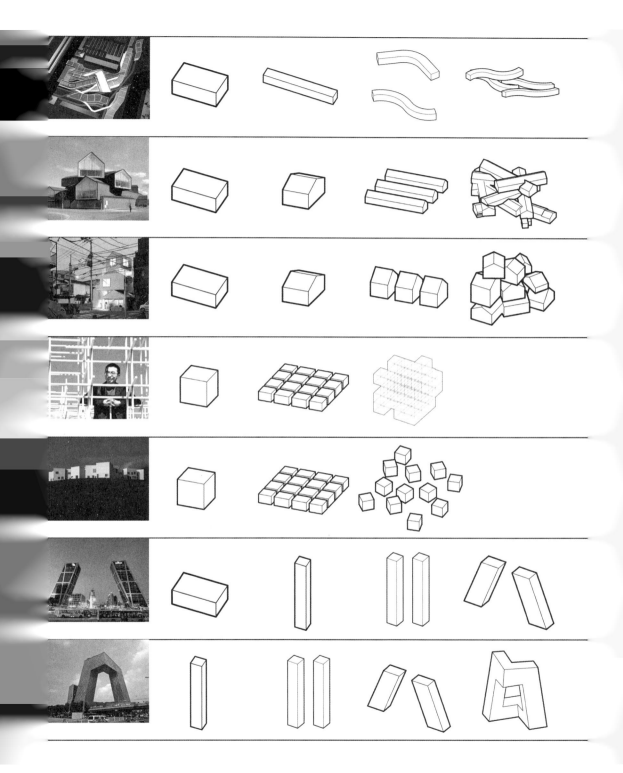

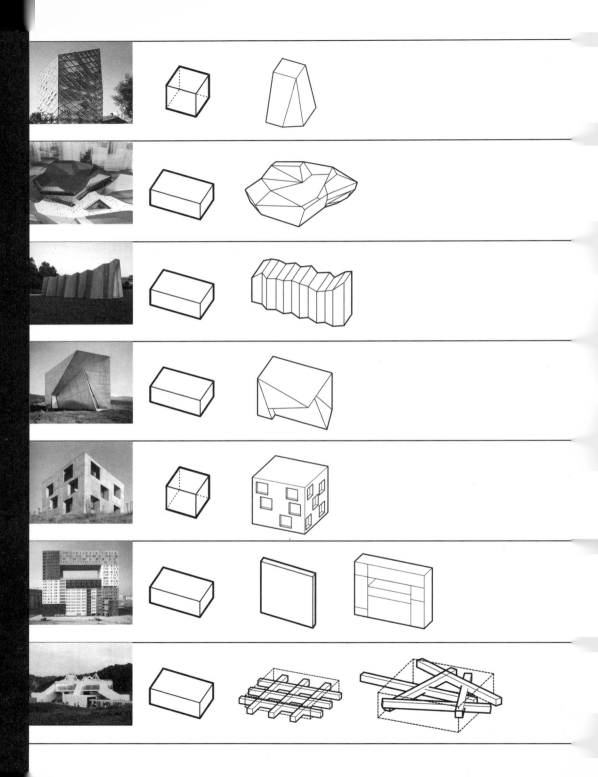

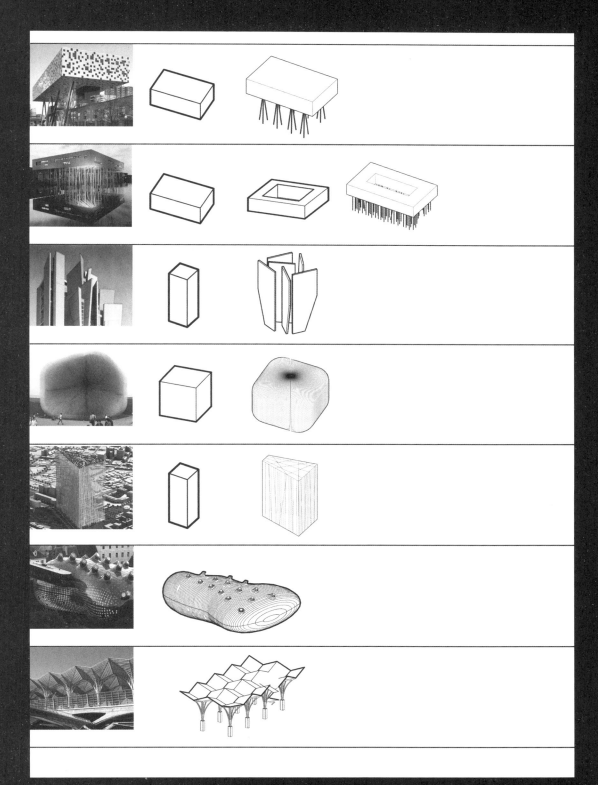

图 5.1.18　建筑形式构成策略解析图 3

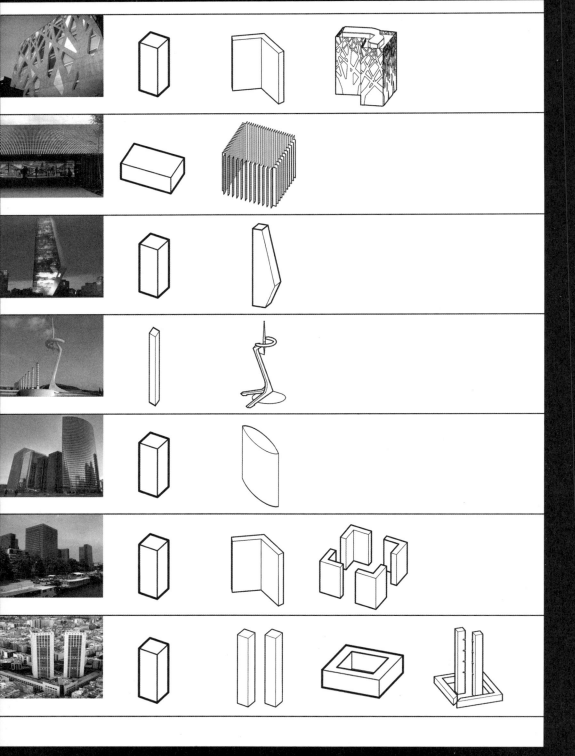

图 5.1.19　建筑形式构成策略解析图 4

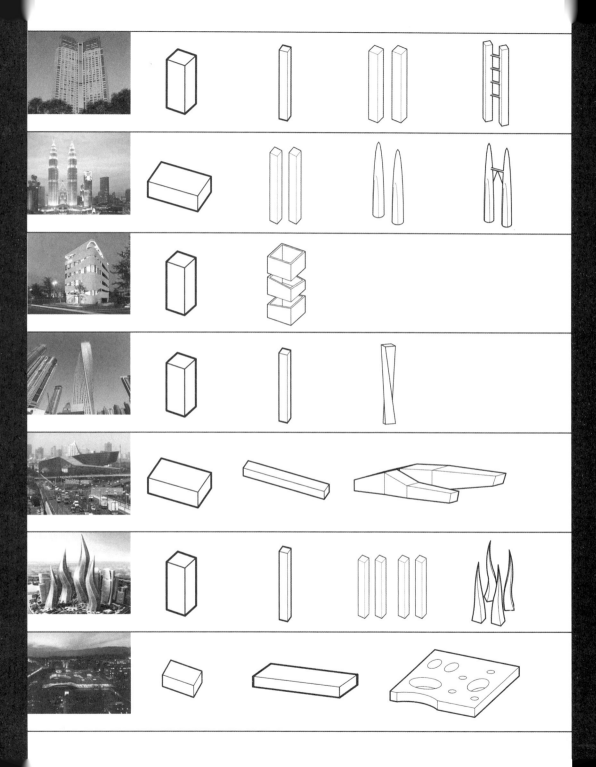

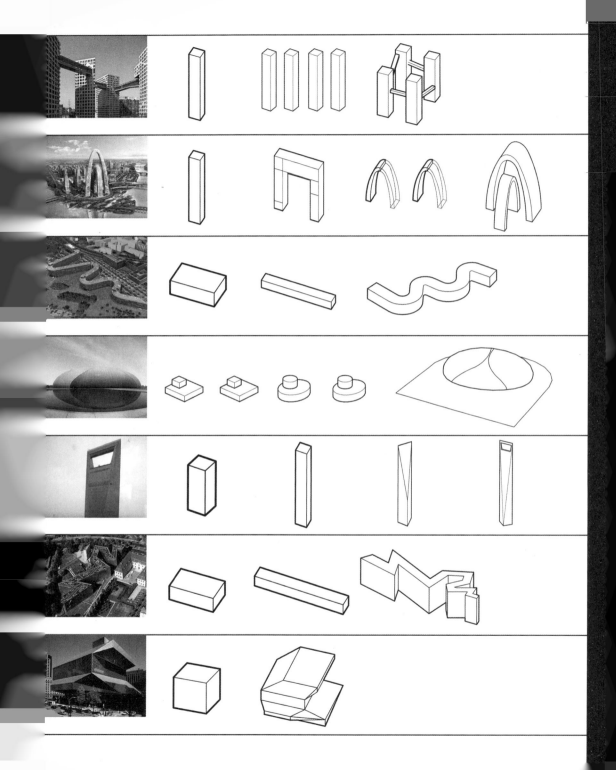

5.2　走向新整合

　　差异化造型经常引起争议，尤其是针对标志性建筑。反对者说出此类"异形"建筑的缺点，努力想把追求特殊异形的标志性建筑规劝成常规一些的建筑。例如，对于21世纪头十年的一批国家级标志性建筑，如北京国家大剧院、央视新楼等，建筑界、媒体界乃至公众均有反对的声音。而赞成者则力挺异形建筑创新的优势，反对守旧和常规，对异形建筑的其他缺点较为宽容。

　　归结起来，这些争论主要源于追求标志性与差异化造型时，对于设计常规的偏离，造型差异性越大常常偏离越多，导致形式差异化与建筑学既有的理论、价值观相矛盾。

　　这些矛盾和争议主要表现在以下几个方面：
　　1）形式差异化与功能、结构合理性的矛盾；
　　2）形式差异化与文脉、环境协调性的矛盾；
　　3）形式差异化与形式美感的矛盾；
　　4）形式差异化与建造过程、后期维护的矛盾。

　　上述四方面的矛盾是追求形式差异化时必须面对的问题。形式差异化不能仅仅基于形式这个单一因素，在追求形式差异化时，必须站在更高的视点和更广阔的视角下，积极思考功能问题、引入结构理性思维、全面考虑建造的过程和建筑全周期生命中的可持续性。建筑师还必须具有很高的艺术修养，对建筑形式美的源流、脉络和当代新发展具有深刻的认识，努力创造美而不是以奇特、怪异来否定美。只有这样才能带来形式差异化的真正价值。只有走向形式、功能、结构、技术与美学的新整合，才能带来形式差异化的价值。这些价值包括：
　　1）产生新的美的形式，获得空间、环境的新体验；
　　2）提升民众对于建筑和建筑文化的关注度；
　　3）得到新的功能整合方式；
　　4）促进结构设计的突破；
　　5）促进材料、构造、加工和建筑施工技术的进步；
　　6）推动相关技术规范的进展。

　　这种新整合已经在进行之中。

本节通过分析台中大都会歌剧院的若干竞赛方案[①]，详细分析差异化后的形式与功能、结构的整合策略。

5.2.1 两种方式

除了精神和审美功能之外，建筑形式还需要承载实际使用功能。探寻形式，并解决功能问题，一直是建筑设计过程中极其重要的环节。而两者的关系大体上存在两种常见情况：

（1）小建筑，或者使用功能单纯、空间需求单一的建筑，一般运用较纯粹的形式。

（2）大型公共建筑，空间需求种类繁多，很难用纯粹而一致的形式应对繁杂的使用功能，尤其是在建筑的内部，以杂糅的形式应对多样化的功能，成为比较现实的常用策略。

在建筑价值观意义上，追求纯粹，是力图将某种观念或理想灌注到设计创作的每一个环节之中，把同样的性质或表达方式始终贯彻到各方面，建筑中不能存在与这种一致性的感受有相互矛盾之处。而杂糅的取向，则承认现实世界的不完美，建筑同样可以以混和拼贴的面貌出现，允许不统一甚至矛盾的存在。

如上所述，以纯粹形式应对单纯的功能，或以杂糅形式应对复杂的功能，这是常见的两种情况。反之，以纯粹形式应对复杂功能，或是以杂糅形式应对单纯功能，则颇为罕见和有趣。其中，在大型公共建筑中，以纯粹形式应对复杂功能，设计难度最高，面临的挑战最大，也最为罕见。

台中大都会歌剧院综合体设计竞赛中，哈迪德的方案（第二名）具有强烈流动感的外观，简洁而纯粹。从剖面图中考察其内部，剧院的主体部分被罩在特殊的自由曲面外壳之下，其内部的 3 个剧场，形态上却很常规，墙体分隔直棱直角，满足各种舞台空间的容积需求，观演大厅里的吊顶与内墙根据声学要求制作，这些都服从于一般的功能组织逻辑。入口大厅的空间形态较为特殊，可视作外部曲面向内部的凹陷，与外壳有一致性。在拉长甩出的"尾部"，哈迪德在首层布置了艺术工作坊和商品零售区，采用的是长走廊加上两侧房间的常规模式，二层餐饮休息区则再次服从于流线型外壳，恢复了流动性和整体感。由此，我们在其建筑内部看到了一种杂糅状态：流动灵活的入口大厅和餐饮休息区、功能方盒子堆积起来的剧场、商街模式的工作坊与零售区。哈迪德方案的外观纯粹，内部杂糅。在外与内两个不同层面上，分别展现了"追求纯粹"和"杂糅应对"两种策略。

[①] 2005 年，台中大都会歌剧院综合体项目进行了全球方案竞赛，经过两轮评选，评选出前三名和两个提名奖。日本著名建筑师伊东丰雄获得头名，扎哈·哈迪德获得第二名，Claus en Kaan Architecten 事务所获得第三名，张秉均（CHIEN Architects & Associates 竹间联合建筑师事务所）和远藤秀平获得提名奖。

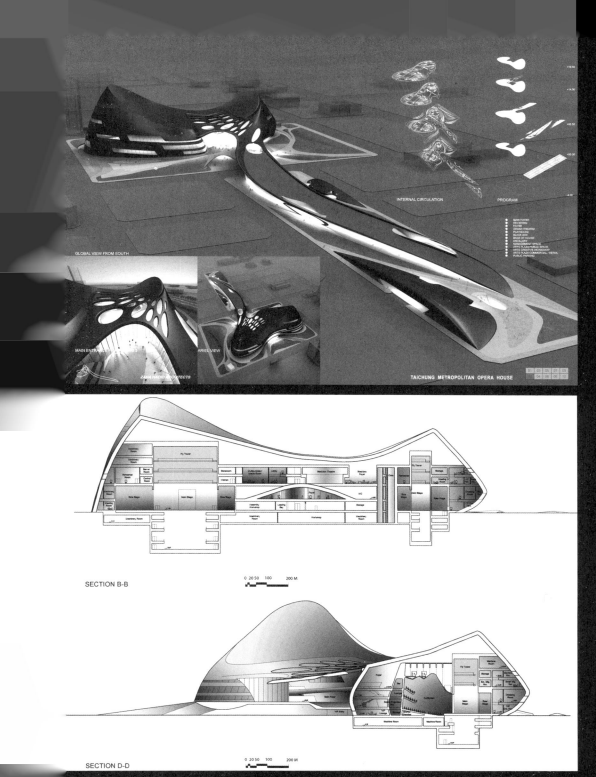

图 5.2.1　台中大都会歌剧院哈迪德方案效果图（远端为剧院主体，"尾部"伸入景观轴）（上）
图 5.2.2　台中大都会歌剧院哈迪德方案剖面图（下）

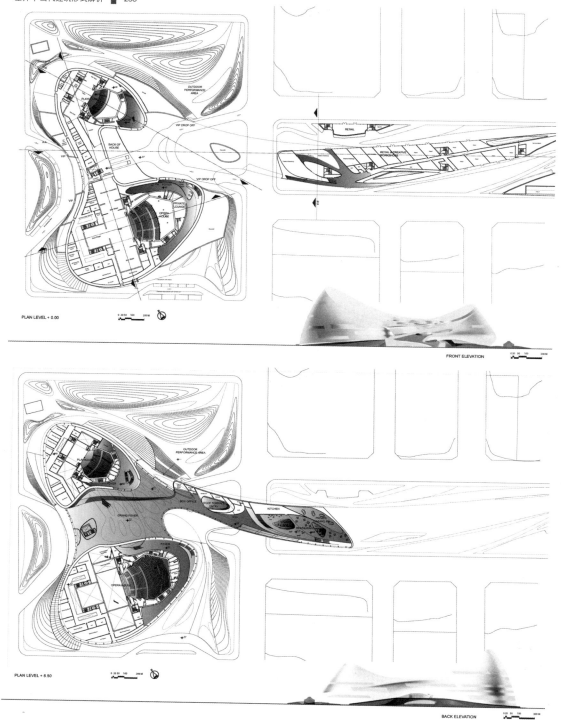

图 5.2.3　台中大都会歌剧院哈迪德方案首层平面图（主体中布置了歌
剧院、中剧场和主门厅，"尾部"布置了艺术工作坊、商品零售区）（上）
图 5.2.4　台中大都会歌剧院哈迪德方案二层平面图（主体是两个剧场
的舞台和观演大厅，"尾部"是餐饮区）（下）

观察台中大都会歌剧院设计竞赛中最终胜出的伊东丰雄方案，外部轮廓基本是一个整齐的长方体——单纯的基本几何体。内部生长分化出一种多孔形态，形似一块孔隙被放大的人造海绵。换言之，是从绵延扩展的多孔腔体空间中，方整地切割出一块。

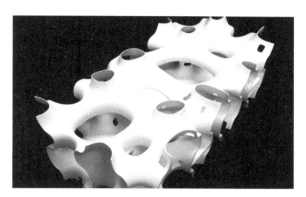

图 5.2.5　台中大都会歌剧院伊东丰雄方案结构—空间模型

　　在模型和剖面图中可见，这一海绵状的多孔腔体容纳了多样化的空间需求，3 个剧场虽然体积相对很大，但并没有成为具有绝对控制力的因素，与其余大小不一、功能不同的空间一起，被统一组织在多孔形态中。除去地下停车库的常见方格柱网结构，建筑其余部分的结构和空间形态均为一致的多孔腔体。这一繁复但纯粹的多孔腔体显示出对复杂功能的高度适应性。①

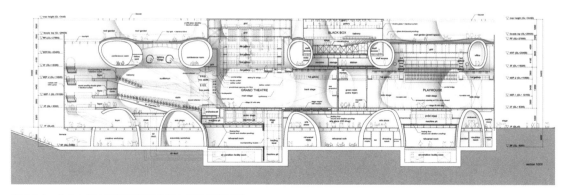

图 5.2.6　台中大都会歌剧院伊东丰雄方案长向剖面图

　　① 该剧院综合体容纳了众多功能：一个大型歌剧院演出厅、一个中型剧场、一个小型实验剧场、若干排练和演出准备用房、主门厅、各种观众休息区、商业用房、办公管理用房、展厅、会议厅、屋顶观景平台、设备用房和停车库。2009 年底，台中大剧院主体工程正式动工。目前，该项目仍在施工中。

　　可以说，伊东丰雄方案的外观和内部都采用了追求纯粹的策略。这与前述两种常见情况截然不同。

　　纯粹，在外观层面上，表现为单纯的形状；在内部层面，则主要表现为繁复但一致的组织秩序。以单纯的形状包裹内部复杂的功能，可以产生纯粹的外观；而繁复但一致的组织秩序则有能力真正吸纳内部复杂的功能，提供内部形式的纯粹性。

　　伊东丰雄在超过5万平方米的剧院综合体内部只使用一种纯粹的形式去包容全部的功能，这是一种异于常规的思维，以罕见、特殊的方式整合形式与功能。我们不禁追问，这一奇特的多孔形态的来源是什么？在投标展示文件中，伊东丰雄对这种特殊复合形的直接来源几乎只字未提，甚至没有出现"多孔"一词。在后续的解释中，他用"软体动物"一词作了朦胧的比喻。

　　事实上，台中歌剧院的多孔形式并非建筑师首创。英国结晶学家阿兰·麦卡西、美国数学家阿兰·舍恩等多位学者绘制了一系列多孔造型。这一情况，明确记载在日

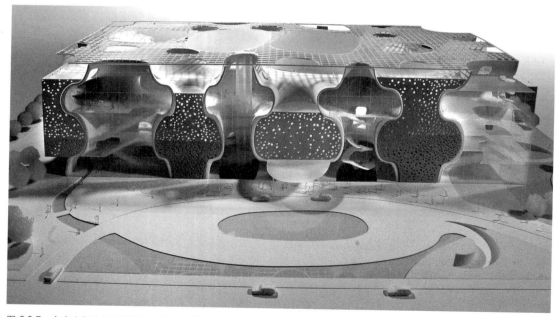

图 5.2.7　台中大都会歌剧院伊东丰雄方案模型

本建筑研究学者宫崎兴二教授所著《建筑造型百科：从多边形到超曲面》一书中。书中刊载的插图甚至放置了比例人，明确指出了该造型用于建筑的可能性。

　　而伊东丰雄所指的软体动物，最接近的当属海绵——一种原始的水生动物，属于多孔动物门[①]。"各种多孔动物，由皮层到胃层组成复杂程度不同的管道，它是水流进出身体的通道，称为水沟系。[32]"如果将海绵水沟系模式图与伊东方案的立面图和剖面图比较，其中的双沟型几乎可以视作台中歌剧院立面和剖面的原型。

　　晶体学、空间几何学和动物学从多个角度提供了多孔形式，建筑师进行了选择、调整与重组，将其转化为一大块人造海绵，进而成为一种当代公共空间的新形态。这需要把复杂多样的功能整理为良好的逻辑和秩序，使功能的秩序和形式的秩序匹配、统一。

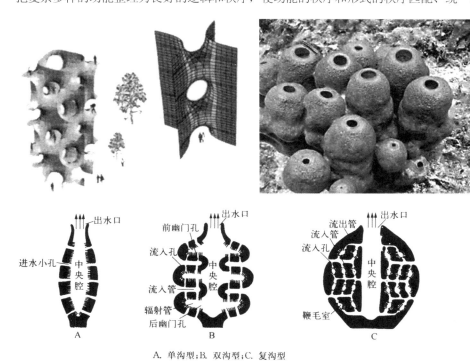

A. 单沟型；B. 双沟型；C. 复沟型

图 5.2.8　阿兰·麦卡西设计的多孔造型 [15]75-18（左上）
图 5.2.9　众多海绵类型中的一种（右上）
图 5.2.10　海绵动物水沟系模式图 [32]47（下）

---

① 海绵，属于多孔动物门，是大约 5000 种原始多细胞水生动物的统称，为低级有机海生动物。海绵体表有许多凸起，凸起的旁边有许多小孔，顶端有一个大孔。海水从小孔流进，又从大孔流出，微小的生物随着水流进入海绵体内，成为其食物。

5.2.2　功能与形式

　　功能秩序与形式秩序的匹配是一个双向互动的过程，伊东丰雄方案以纯粹形式应对复杂功能，是详细研究这一匹配过程的难得案例。

　　伊东丰雄的方案显然已不能用"形式追随功能"的简单原则进行解释。他的方案完全突破了"杂糅功能布局＋纯粹特殊外壳"的模式（哈迪德等人的模式），不像张秉均方案（提名奖）那样放弃外壳，直接裸露混杂的内部。从功能的单一方向出发，实则无法直接推导出伊东丰雄的多孔建筑形式。

　　调转思维方向，从形式开始推导。
　　在感性层面上，形式提供感觉与氛围。伊东丰雄方案的长方体外轮廓，提供了轴线地标建筑所需的纪念性与仪式感，一旦进入到伊东丰雄的多孔空间中，切割平整

图 5.2.11　台中大都会歌剧院张秉均方案效果图 1（左）
图 5.2.12　台中大都会歌剧院张秉均方案效果图 2（右）

的立面转化为连续而蔓延的孔洞腔体——特殊的管道组合。如同生物的器官，也形似乐器的共鸣腔，人们的身体在行进过程中被这层内腔包裹、挤按、推拿、释放——腔体内部提供了罕见的视觉动力体验。各方向的孔洞带来了光晕和气流，给人以或迷幻或欢愉或升腾或沉陷的情绪变化。这一纯粹形式提供了丰富的感觉和氛围。

在理性层面上，形式具有组织方式上的规律性。多孔形式首先具有整体流动以及多向贯通的性质。连续的、大范围的空间是流动性的基础，而具有方向性的墙体和流

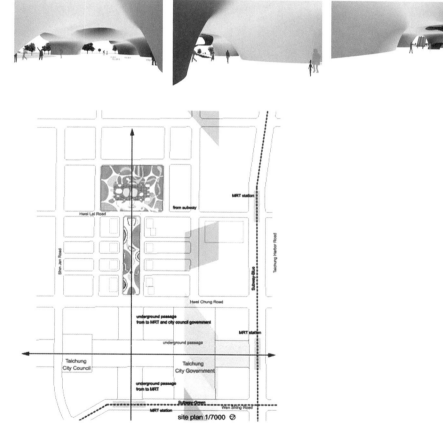

图 5.2.13　台中大都会歌剧院伊东丰雄方案内部流动空间效果图（上）
图 5.2.14　台中大都会歌剧院伊东丰雄方案与城市轴线关系示意图（下）

畅的形状，引导了空间，强化了流动的感受。重视空间的流动性，本质上是将空间中人、事件、光线、气流、声音等各种要素视为一个动态的连续整体。空间不再是装填功能的定型容器，其形态需要根据其中的要素进行连续、动态的转变。

在剖面上，清晰地呈现了多孔腔体内部在多个方向上相互贯通。朝向天空的孔洞给剧院大厅和休息厅带来可控的阳光。水平向度上，贯通孔洞鼓励使用者对空间的自由探索。而一些垂直方向上完全贯通的空间，自然地成为垂直交通的上升通道。腔体的多向贯通以及双向弯曲的内壁促进了各种要素的流动。

立面上，多孔的海绵状腔体被垂直切开，大范围的通透玻璃幕墙，配合少部分密集穿孔的外墙，将远处的城市景象、阳光和空气纳入综合体内。歌剧院和中剧场实际位于二层以上，使得首层最大限度实现了开放和流动。

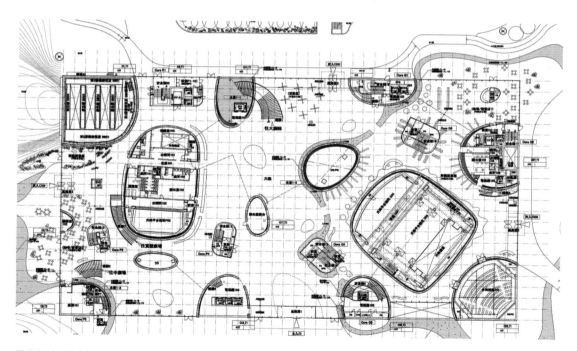

图 5.2.15　台中大都会歌剧院伊东丰雄方案首层平面图

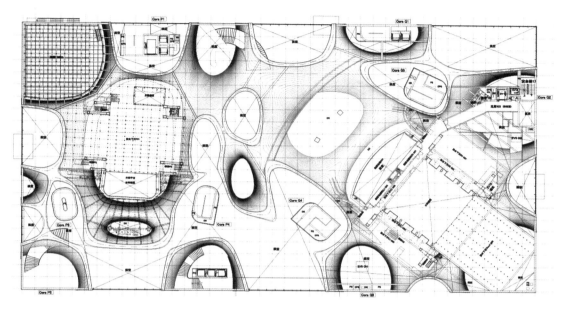

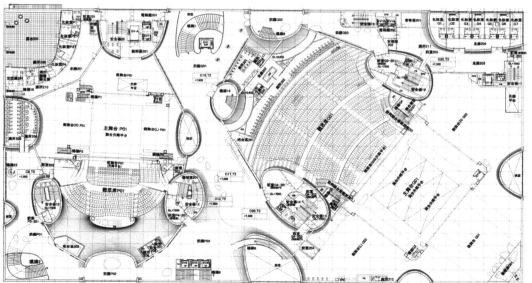

图 5.2.16　台中大都会歌剧院伊东丰雄方案一层夹层平面图（上）

图 5.2.17　台中大都会歌剧院伊东丰雄方案二层平面图（下）

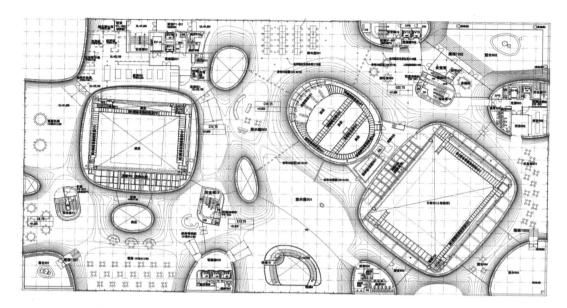

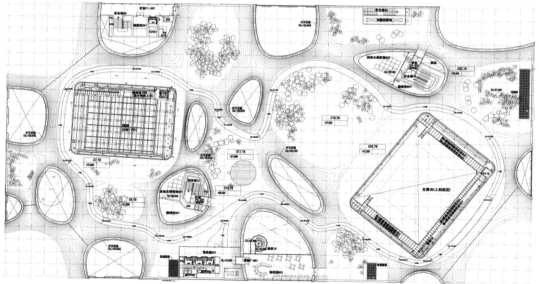

图 5.2.18　台中大都会歌剧院伊东丰雄方案五层平面图（上）
图 5.2.19　台中大都会歌剧院伊东丰雄方案六层平面图（屋顶平台层）（下）

形式组织的第二个特点是，多孔形式中的"管道内"与"管道外"空间处于连续转换之中。这是由于两端变大的管状单元体在组合时，垂直方向与水平方向位置均有错动造成的。垂直方向上，在某一层中属于较狭窄管道内的空间在上下两层则被释放到管道外，变得宽敞。在水平方向上，人们也会连续体验从开阔大空间"挤入"较狭窄的管道空间。

从平面图中看，伊东丰雄对应管道内与管道外安排了两类功能：一是管道之内，面积较小，主要布置了设备、交通等服务空间；二是管道之外，布置了面积较大的使用空间，包括主门厅、各种休息厅、商业设施、主要的观演大厅和舞台。服务空间被进一步分为两类，一是垂直方向需要贯通的交通空间，主要是楼电梯；二是卫生间、设备用房、储藏室、封闭办公室等不需要上下贯通的较小空间。

较小的多孔腔体作为服务空间的想法令人想起了路易斯·康。他关于"服务空间"和"被服务空间"的论述表达的不仅仅是一种对于功能的区分，而更应视作一种二元结构，一种对建筑秩序的高度概括。在台中大都会歌剧院的每一层里，空间组织基于服务空间和被服务空间的秩序。但在临近的上、下层，管道内、外空间互换，内部外翻，成为外部。除了楼梯电梯空间保持上下贯通以外，第二类服务空间因此与被服务空间的位置作了交换，使得这种二元秩序表现出更大的空间灵活性，而不只是在每一层简单重复。

至此，我们终于看到，伊东丰雄将形式秩序与功能秩序进行了高度匹配。两者都是高度概括而精炼的，彼此具有内在结构的一致性。这正是形式秩序与功能秩序得以统一的条件。如果再加上前面论及的感觉与氛围的表达，以纯粹形式应对复杂功能这个极为困难的课题，终于有了一个现实可行的解答。

以此视角，反观采用杂糅的形式应对复杂功能的策略，起因之一：出于某种确切的表达需要；起因之二：建筑师没有将建筑秩序提炼得更为纯粹，形式随之变得混杂。

获得提名奖的张秉均方案属于前者。他去除了统一的综合体外壳，将各演出厅和功能区作为相对独立的部分直接散布呈现，嵌入场地，而场地则进行纵横交错的划分以表达其中丰富的流线。这是不寻常地刻意展现杂糅形式的做法。在剧院综合体设计竞赛中，多个演出厅和功能区常常被一个统一的外壳覆盖，每个方案内部的平面布置大同小异，而外壳才是设计者关注的重点。在北京国家大剧院投标过程中，几乎所有方案概莫如此。而在台中大都会歌剧院投标方案中，关注外壳也是主要的设计策略，哈迪德方案即是如此，其余多个方案也如此。

　　张秉均方案模糊建筑与场地的边界，呈现杂糅状态。他解释道，这些设施应该更利于人和各种活动的渗透，消解掉官方的标志性形象。笔者认为，张秉均方案的杂糅形式出于其表达的需要，是一个批判性的尝试。但这个表达本身似乎过多受到文化和哲学思辨的影响，台中城市也许的确不需要一个刻板的标志性建筑，但艺术精神、世俗欢愉及其他需求似乎需要一个凝聚一处的表达。放弃相对统一的建筑形象，并非明智之举。有趣的一点是，在张秉均方案的文字说明中，直接出现了"多孔海绵"一词，但对于张秉均，这只是一个文字隐喻，而伊东丰雄则把它转变为切实、生动的形象。

　　提名位列最后的远藤秀平方案，外观与内部均为杂糅形式，所传达的设计境界较为一般，成为建筑秩序提炼不足、形式混杂的案例。

图 5.2.20　台中大都会歌剧院远藤秀平方案效果图

5.2.3 结构与空间

在伊东丰雄的台中大都会歌剧院方案中，功能已经与多孔状形式高度结合，而多孔形式的曲面墙体本身就是建筑结构。结构是与形式密不可分的一个范畴，结构的形态常常就是建筑形式的重要部分。结构与空间形式的匹配主要分为两种情况：

1）框架结构。表皮或内部隔墙与竖向支撑结构分离，结构构件（特别是杆状构件）独立存在于空间中，成为具有表现性的物体——结构的显性表现。

2）墙结构。表皮或内部墙体与竖向支撑结构合一，结构构件趋向于较大的面状墙体，在完成支撑作用的同时，成为围合空间的边界和背景——结构的隐性表现。

伊东丰雄的方案对应于上述的第二种情况，是特殊的曲面墙体结构。将此多孔腔体分解开来，是由多个单纯的管状曲面体单元，在垂直、水平和进深3个向度上彼此联合而成，具有清晰、纯粹的结构秩序。管状单元体的平面分布、大小和形状虽然根据内部空间需要进行了调整，但并没有破坏总体上的纯粹感觉。曲面墙体是复合构造：内部钢结构龙骨＋双面混凝土复合层。钢结构的尺寸和混凝土复合层的厚度根据不同部分的结构需求发生变化，混凝土复合层内还可以预埋冷辐射管道，实现空调功能，在构造层面上实现了与设备需求的结合。

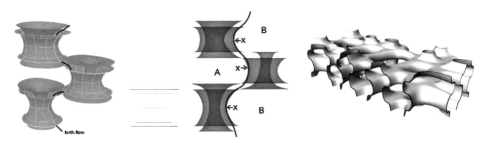

图 5.2.21　结构分析图：单纯的管状单元体组织成贯通连续的腔体空间

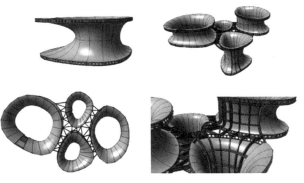

图 5.2.22　管道单元体在竖向和整体上的组合模式及双层构造

伊东丰雄另一作品，2000 年落成的仙台媒体中心则对应第一种情况。方形平面中布置了大小不一的管网状支撑结构，暴露的钢结构构件成为一种显性表现。管网状结构内部贯通，安排了垂直交通和容纳机械设备的服务空间。两作品在结构表现上虽然有所不同，但均高度关注结构与服务空间、设备空间的整合，这也成为伊东丰雄近年来诸多作品的一个共同特点。

小结

"追求纯粹"和"杂糅应对"是针对形式与功能问题的两种策略。设计实践中，将复杂多样的需求和因素提炼为统一完整的功能秩序，是极为困难的。然而，功能秩序越统一完整，对形式秩序的干扰和调整就可以越少，能够更好地保持纯粹形式。反之，对纯粹形式自身的研究，很可能启示一种同形同构的功能秩序，形式研究与功能研究产生良性互动。

笔者认为，伊东丰雄的台中大都会歌剧院方案将一种多孔形式转化为一个高质量的当代公共文化空间，实现了纯粹形式与复杂建筑功能的结合。特殊的结构、构造设计进一步支持了特殊的形式。结构、功能、形式的逻辑相互匹配。

在建筑设计过程中，纯粹与杂糅的策略可根据需要进行选择。本文虽着重分析纯粹形式，但并不意味着纯粹形式是每一个设计项目必然的追求。设计问题的答案是开放的、灵活的。

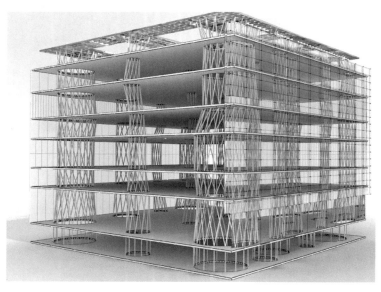

图 5.2.23　日本仙台媒体中心结构——空间模型

表 5.2.1 台中大都会歌剧院各楼层用途及楼地板面积表（实施方案）

楼层	用途	楼地板面积（m²）
地下二层	实验剧场、排练室、组装工场、机械室、装卸停车场	12132.49
地下一层	附属艺文商场、管理办公室、机械室、防空避难兼停车场	12973.71
一层	大厅、附属卖店、实验剧场上部操控便道、管理办公室、多功能厅、舞台升降机械坑	7438.77
一层夹层	厕所、走廊	99.23
二层	前厅、大剧院下层观众席及舞台、演员化妆室、中剧场下层观众席及舞台、演员化妆室	7711.64
三层	大剧院上层观众席、第0阳台层观众席、舞台操控便道、中剧场上层观众席、演员化妆室	2578.86
四层	大剧院第二阳台观众席、第三阳台观众席、中剧场阳台层观众席	2351.7
五层	行政办公室、休息室、餐厅、展示厅、厨房	5060.37
五层夹层	主管室、前室	99.11
六层	咖啡厅、机械室、楼电梯间、大剧院及中剧场幕塔	399.53
屋突一层	机械室	—
屋突二层	机械室	—
警卫室	—	14.58
总计	—	51125.12

资料来源：台中大都会歌剧院官网

5.3 本章小结

1）差异化造型经常导致争论，尤其是针对标志性建筑。争论主要源于追求标志性与差异化造型时对于设计常规的偏离，造型差异性越大常常偏离越多。

追求最大程度的差异性并不是所有建筑设计的目的，但常常是重要的标志性建筑设计追求的目标之一。在地标建筑设计中优先考虑造型差异性，并不意味着放弃对功能、结构、造价、社会形象、政治要求等因素的考虑，而恰恰是试图寻求一个独特而恰当的形式含盖上述因素，促成新的解决方案。

2）形式差异化的策略整合

（1）形式差异化的优先级
形式要素类型、要素特征、要素组织和形式效果都可用来描述当代建筑形式的变化，也是思考形式差异化的若干维度。

从理性层面或感性层面入手进行形式差异化都是可行的。考虑要素类型、特征和组织，继而进入到感性层面考察其效果；或者先确定所需形式效果，再从要素类型、特征和组织方式中选择能够表现该效果的部分，进行理性层面的组合。更常见的情况则是理性层面与感性层面的往复互动、彼此协调。

在要素类型、特征和组织方式之中，从形式设计步骤上而言，确定形式要素类别应该是最为基础的一步。而建筑物整体的尺寸乃至体量的基本比例是紧接下来的第二个步骤。接下来，形状特征以及数量组织成为重要步骤，两者密切联系在一起。在确定形状特征时，由于可能运用虚形和实形，因此可能带入虚实组织。运用不同的形状时，也将自然地带入对比组织。完成以上步骤之后，可进一步考虑若干其他的组织方式，包括：拓扑关系（要素的分合状态）、位置关系、对称组织、网格组织等，以及有待确定的质感、色彩两大特征。

这一形式设计步骤不能当作僵化固定的教条，在此基础上，建筑师完全可以依据项目的不同需要和个人的不同兴趣调整设计时序，或是突出其中的某些步骤。

（2）多维度形式差异化策略

形式要素类型、形状、质感、尺寸、色彩、数量组织、比例、虚实组织、对比组织、位置关系、拓扑关系、网格、对称性以及各种形式效果，都可以视为形式差异化的维度。另一方面，每个维度之下存在不同倾向的特征或组织方式。通常的形式与特殊的形式其实共享着这些形式组合的维度和不同倾向的特征与组织方式。

在如此多的方面进行形式变化，需要考虑多维度形式差异化策略，主要包括以下内容：

第一，形式变化的各维度都可以作为变化的出发点，在多维度上进行变化，可能产生变化的叠加效应。

第二，在多个可变化的维度中，通常可以选择少量维度作为主要变化维度，获得主要差异性，进而在其他维度上配合主要变化维度，进行特征选择和要素组织。

3）有问题的形式创新可能偏离常规的功能原则、结构经济原则，偏离与环境和谐连续的原则，但好的形式创新也可能将这些方面在更高层次上重新整合。这种整合需要建筑师将建筑秩序和形式秩序提炼出来。

设计实践中，将复杂多样的需求和因素提炼为统一完整的建筑秩序，是极为困难的。然而，建筑秩序越统一完整，对形式秩序的干扰和调整就可以越少，能够更好地保持纯粹形式；反之，对纯粹形式自身的研究，很可能启示一种同型同构的建筑秩序。形式研究与建筑研究之间产生良性互动，最终将实现形式、功能、结构的创新整合。

参考文献与附录

参考文献

[1] 托伯特·哈姆林. 建筑形式美的原则 [M]. 北京：中国建筑工业出版社，1982:5-6.

[2] Vitruvius. Book I[M]//Jay M. Stein, Kent F. Sprekelmeyer. Classic Readings in Architecture. McGraw-Hill ompanics. Inc., 1999:2-20.

[3] 戴维·史密斯·卡彭. 建筑理论（上）：维特鲁威的谬误 [M]. 王贵祥，译. 北京：中国建筑工业出版社，2007:14.

[4] 程大锦. 建筑：形式、空间和秩序（第三版）[M]. 天津：天津大学出版社，2008:34.

[5] 帕特里克·弗兰克. 视觉艺术原理 [M]. 陈蕾，俞钰，译. 上海：上海人民美术出版社，2008:31.

[6] 鲁道夫·阿恩海姆. 艺术与视知觉 [M]. 滕守饶，朱疆源，译. 成都：四川人民出版社，1998（2006）:115.

[7] 伊利尔·沙里宁. 形式的探索——一条处理艺术问题的基本途径 [M]. 顾启源，译. 北京：中国建筑工业出版社，1989:15.

[8] 钱家渝. 视觉心理学——视觉形式的思维与传播 [M]. 上海：学林出版社，2006:7.

[9] Anthony C. Antoniades. Architeture And Allied Design: An Environmental Design Perspective[M]. Kendall/Hunt Publishing co., 1992.

[10] 德索拉－莫拉莱斯. 差异——当代建筑的地志 [M]. 施植明，译. 北京：水利水电出版社，2007.

[11] Charles A. Jencks. Late-Modern Architecture and Other Essays.[M]London:Academy Editions, 1980.

[12] M·W·艾森克，M·T·基恩. 认知心理学 [M]. 高定国，肖晓云，译. 4 版. 上海：华东师范大学出版社，2003:57.

[13] 柯林·罗，罗伯特·斯拉茨基. 透明性 [M]. 金秋野，王又佳，译. 北京：中国建筑工业出版社，2008.

[14] 李泽厚. 华夏美学·美学四讲（增订本）[M]. 北京：生活·读书·新知三联书店，2008:274-275.

[15] 宫崎兴二. 建筑造型百科——从多边形到超曲面 [M]. 陶新中，慕春暖，译. 北京：中国建筑工业出版社，2003:45.

[16] 斯凡特·希尔德布兰特，安东尼·特隆巴. 悭悭宇宙——自然界里的形态和造型 [M]. 沈葹，译. 上海：上海教育出版社，2004:245.

[17] 肯尼斯·法尔科内. 分形几何中的技巧 [M]. 曾文曲，等译. 沈阳：东北大学出版社，1999:1.

[18] 林同炎，S·D·斯多台斯伯利. 结构概念和体系 [M]. 高立人，方鄂华，钱稼茹，译.

2 版．北京：中国建筑工业出版社，1999:273.

[19] 马修·韦尔斯．世界著名桥梁设计 [M]．张慧，黎楠，译．北京：中国建筑工业出版社，2003:82.

[20] 罗伯特·文丘里，丹尼斯·斯科特·布朗，史蒂文·艾泽努尔．向拉斯维加斯学习 [M]．徐怡芳，王健，译．北京：知识产权出版社，中国水利水电出版社，2006:85.

[21] 内森·卡伯特·黑尔．艺术与自然中的抽象 [M]．沈揆一，胡知凡，译．上海：上海人民美术出版社，1988:42.

[22] Bruno Zevi. The Mordern Language of Architecture[M]. Vantage Copyright Agency, 2005:31.

[23] 塞西尔·巴特蒙德．异规 [M]．李寒松，译．北京：中国建筑工业出版社，2008:317.

[24] 彼得·绍拉帕耶．当代建筑与数字化设计 [M]．吴晓，虞刚，译．北京：中国建筑工业出版社，2007:60.

[25] 邵志芳．认知心理学——理论、实验和应用 [M]．上海：上海教育出版社，2006:100-102.

[26] 朱光潜．谈美 [M]．南宁：广西师范大学出版社，2006:60.

[27] 安东·埃伦维茨．艺术视听觉心理分析——无意识知觉理论引论 [M]．北京：中国人民大学出版社，1989:17.

[28] 鲁思·派塔森，格雷斯·翁艳．普利兹克建筑奖获奖建筑师的设计心得自述 [M]．王晨晖，译．石铁矛，审校．沈阳：辽宁科学技术出版社，2012:246.

[29] 王令中．视觉艺术心理：美术形式的视觉效应与心理分析 [M]．北京：人民美术出版社，2005:91.

[30] 伯纳德·卢本，克里斯托弗·葛拉福，等．设计与分析 [M]．林尹星，薛皓东，译．天津：天津大学出版社，2003:25.

[31] 鲁道夫·阿恩海姆．建筑形式的视觉动力 [M]．宁海林，译．北京：中国建筑工业出版社，2006:134.

[32] 侯林，吴孝兵．动物学 [M]．北京：科学出版社，2007:47.

[33] 戴维·史密斯·卡彭．建筑理论（下）：勒·柯布西耶的遗产——以范畴为线索的 20 世纪建筑理论诸原则 [M]．王贵祥，译．北京：中国建筑工业出版社，2007:71.

[34] 查尔斯·詹克斯，卡尔·克罗普夫．当代建筑的理论和宣言 [M]．周玉鹏等，译．北京：中国建筑工业出版社，2005.

[35] Geoffrey Broadbent. Signs, Symbols and Architecture[M]. John Wiley & Sons

Inc.，1980.

[36] 汪丽君，舒平．类型学建筑 [M]．天津：天津大学出版社，2004.

[37] 勒·柯布西耶．走向新建筑 [M]．陈志华，译．西安：陕西师范大学出版社，2004:3.

[38] W·博奥西耶．勒·柯布西耶全集：第 5 卷·1946-1952 年 [M]．北京：中国建筑工业出版社，2005:73.

[39] Kenneth Frampton. Modern Architecture:A Critical History (third edition) [M]. London: Thames and Hudson Ltd.，1992.

[40] 修·昂纳，约翰·弗莱明．世界艺术史 [M]．范迪安，主编．吴介祯等，译．海口：南方出版社，2002:12.

[41] 鲁道夫·阿恩海姆．视觉思维 [M]．四川人民出版社，1998:285-291.

[42] 琳达·格鲁特，大卫·王．建筑学研究方法 [M]．王晓梅，译．北京：机械工业出版社，2004：346.

[43] 丁沃沃，冯金龙，张雷．欧洲现代建筑解析——形式的意义 [M]．南京：江苏科学技术出版社，1999.

[44] C·亚历山大，S·伊希卡娃．建筑模式语言（上、下）[M]．王昕度，周序鸿，译．北京：知识产权出版社，2002.

[45] 理查德·韦斯顿．材料、形式和建筑 [M]．范肃宁，陈佳良，译．北京：中国水利水电出版社．知识产权出版社，2005.

[46] 瓦尔特·本雅明．机械复制时代的艺术 [M]．李伟，郭东，译．重庆：重庆出版集团，重庆出版社，2006.

[47] 斋藤公男．空间结构的发展与展望——空间结构设计的过去现在未来 [M]．季小莲，徐华，译．牛清山，校．北京：中国建筑工业出版社，2005.

[48] 海诺·恩格尔．结构体系与建筑造型 [M]．林昌明，罗时玮，译．天津：天津大学出版社，2002.

附录

形式问题的研究途径和相关学说

　　形式问题是建筑学的基本问题之一，它是理论问题，也是实践问题。设计实践中，各种复杂的需求、多工种的技术解决方案、关于环境与场所的深思熟虑、甚至关于社会与人居环境的深刻思考，最终都需要落实为某种形态和形式。

　　形式的含义和涉及内容广泛，现当代建筑研究中大体上有两种形式问题的研究途径：一是把形式看作是有较明确内涵和独立性的研究对象，基于形式的独立性进行研究；二是注重考查形式与其他因素的关联性，解释形式的来源、意义及诸多设计因素的协调。

　　许多研究并不严格区分上述两种途径，而是都有所涉及。例如，建筑符号学对于建筑形式的内涵与外延都作出了重要的研究。类比于语言学的建筑符号学，在建筑中定义"能指"时，可部分视为对于形式独立性的强调，而"所指"的范畴则可视为与形式相关的其他因素和形式的外延（如意义、象征）。再如，功能主义对于建筑形式的经典口号"形式追随功能"，可以看作是形式与功能因素的关联性论述，阐释形式的来源。

● 建筑符号学

　　瑞士哲学家费尔迪南·德·索绪尔被认为是西方符号学的开山鼻祖之一，另一位则是美国人查尔斯·山德斯·皮尔士。

　　索绪尔在其著作《普通语言学教程》中谈及语言符号的本质，区分了符号、所指和能指。他认为，语言符号的基本单位，不是一个物或一个名称，而可以被区分为一个"概念"和一个"音响形象"。后者是声音（语音）在人们的意识里形成的一种心理印迹，具有感官性。语言符号被定义为这两方面相结合的综合体，即符号是概念和音响形象的结合体。符号、概念和音响形象，这三个名称相互联系又有所区别。符号支撑整体，而"概念"被索绪尔替换为"所指"，"音响形象"被替换为"能指"。

　　简言之，能指是关于表达的，而所指是关于内容的。

　　建筑符号学的一个基本前提是一切建筑都不可避免地携带着含意，某些建筑还以某种方式包含着象征。这一认识在很大程度上是功能主义的补充，甚至是对立。

　　为了理解建筑如何携带含意、如何进行象征，符号学被引入建筑。此时，"符号"一词替换为"建筑"或"建筑符号"，则必须明确在建筑符号中，"能指"与"所指"具体指的是什么？

　　在此关键问题上，不同的学者意见并不一致。对于德·弗里科和斯卡维尼[①]来说，"能指"是一座建筑的外部，而"所指"则是其内部。埃柯[②]则举例说，一个楼梯是一个"能指"，而攀登的行为等同于"所指"。

　　查尔斯·詹克斯作为建筑专业理论家，对此问题表述得更为具体。他说，建筑符号可类比于其他符号，"能指"是其表现的层面，"所指"是其内容的层面。"能指"的第一个层次就是形式、空间、表面、体积等，它们具有韵律、色彩、质感、密度等特性。第二个层次的"能指"，通常是重要的建筑体验部分，如声音、气味、触觉、动感觉、热等。而"所指"，简单地说是一个意义或意义群，一些关于空间的概念和思想意识（参见附表）。

　　查尔斯·詹克斯声称，建筑就是要利用种种手段（结构的、经济的、技术的和机械的），使有形的"能指"（物质材料和围护体）清晰地表达出它的"所指"（生活方式、价值、功能等）。在此意义上，如同索绪尔在语言学中声称的，建筑符号形成"能指"和"所指"的双重统一体。把"能指"和"所指"结成一体的过程就是符号学所说的"意指作用"（signification）。

　　查尔斯·詹克斯为建筑引入符号学的主要目的则在于强调建筑的多样化与多价性——一方面建筑形式的意义在同一个时间和空间范围内，是多元的；另一方面，在不同历史时期和不同的地域里，形式（符号）的意义也在不断转变之中。不同的受众和认知者针对同样的建筑符号，也可能得出不同的意义和价值判断。

　　詹克斯区分了大众化的建筑和专业的、先锋的作品，两者看起来处于一种分裂的状态。詹克斯试图调和两者，他主张让建筑师意识到自己所起的双重作用：同时用精英先锋和大众化的代码来设计，有意使建筑过度编码化。大众的、精英的、乡土的、合成的符号都可以用来形成超载的编码，从而获得建筑意义的多价性。

　　文丘里对于符号的强调看起来更多地源自于对城市建筑的直接观察。他从拉斯维加

① 玛利亚·路易莎·斯卡维尼，曾任意大利那不勒斯大学教师，建筑师。
② 恩伯托·埃科，曾任意大利保罗格那大学符号学教授。

斯的建筑和广告牌中确定：空间中的符号先于空间中的形式。他强调广告牌式的建筑作为信息交流系统的合理性。在比较了作为空间的建筑和作为符号的建筑之后，文丘里主张建筑不应仅仅服务于平面和结构，也就是说结构加平面不能决定形式，坚固加实用不等于美观。插上广告牌的建筑和装饰过的棚屋都有存在的合理性，引用历史风格的建筑也有合理性，它们能够唤起直接的联想和对历史浪漫的隐喻，传达出多种象征意义。

美国建筑师彼得·埃森曼给出了关于建筑符号的另一个方向，一个与文丘里相反的方向，但依然可以说是符号学的一个可能的方向。埃森曼不想要象征性，反对对建筑进行语义解释。他关注符号学中的语法，希望界定建筑形式语言的某些规则和结构，如同将语言符号之间的抽象关系提炼为语法。

在其早期的一系列住宅设计中，他将线、面、体作为建筑的基本构成要素，并一定程度上借鉴了语言学家乔姆斯基的转换生成理论。他相信可以依据建筑语言的"深层结构"（类比于乔姆斯基的说法），进行发展演化，即通过重新组织形式要素的结构，生成建筑的最终形式。

附表　查尔斯·詹克斯区分的能指与所指　资料来源：《符号、象征与建筑》

	第一层次	第二层次
能指（表达的信码）	形式　超分割性 空间　特性 表面　韵律 体积　色彩 其他　质地及其他	声音 味道 触觉 动觉 其他
所指（内容的信码）	图像志 有意的含义 美学的含义 建筑构思 空间概念 社会／宗教信仰 功能 活动 生活方式 商业目标 技术体系 其他	图像学 转换了的含意 潜在的象征 人类学的资料实据 暗含的功能 近体学[①] 土地价值 其他

① 近体学（proxemics），基于交流心理学对人类行为的空间距离进行的研究。如，极贴近的，7～15厘米，轻声耳语，最机密的：公开的，1.6～2.4米，放声讲话，较轻的强度，公开的信息。

以这样的眼光，埃森曼深入阅读了意大利建筑师特拉尼的作品，他认为特拉尼在发展形式时，力图抑制人们对建筑物件的感官感知，抑制所谓的表层结构（这仍然是类比于乔姆斯基的说法），而将概念和深层结构表现出来。对建筑物件的感官感知与触感、颜色、可见的形状有关，而正面性、倾斜、视觉深度、压缩、错位等较深入的关系则被归为某种深层结构，需要更多用智力去感受。这样的观点明显受到了柯林·罗、罗伯特·斯拉茨基所著《透明性：字面意义的与现象的》一文的影响。

在埃森曼早期的一系列编号的住宅作品中，点、线、面、体，这样的抽象元素成为对于建筑物件和形状的最小标记，它们展现在笛卡尔式的网格空间背景中——建筑毕竟不可能什么都没有，离开最小限度的实体，关系也就不复存在。

首先，柱和梁可以视作线元素，墙体和楼板可视为面元素，形式自身要减少或放弃功能所规定的意义；其次，线、面、体的形式逻辑结构与结构力学所要求的结构并非等同，埃森曼仔细处理柱子和梁的关系，但并不需要人们借此来理解力学结构是如何发挥作用的，在埃森曼的一些作品里，柱子甚至被刻意截断。埃森曼通过操作网格来影响线、面、体要素，使它们在平面和空间中剪切、错位、压缩、旋转，形成一套形式转换规则。埃森曼试图引导人们从实际的结构转而思考暗含的结构以及两者的关系。

埃森曼这个时期对于线、面、体的形式操作带有明显否定功能主义的倾向，这种倾向将建筑形式要素和网格载体自身当作可操作的符号，并且，不为建筑增添外延的意义和隐喻，保持形式符号及其关系的抽象性。

大体上，符号学和语言学在建筑中的启示和应用集中在意义的扩展、与大众的信息交流、装饰与风格的混搭、联想和隐喻效果、建筑的多元感受方面。而像早年的埃森曼那样将建筑形式要素视为抽象符号，在形式自身结构和组织的方向上，探索的成果不多，日渐式微。

● 建筑类型学

建筑类型学从总体上较为倾向于形式的独立性研究，强调对于建筑形式的理性把握，强调形式的自主性。

对建筑物进行分类研究，是古已有之的方法。对建筑形式、建筑布局、结构系统等都可以进行归类。在建筑学语境中对类型学的关注主要体现在以下几方面：建筑类型的选择、类型的进一步处理、建筑类型与城市的关系处理。

对于原始建筑与历史建筑的类型的梳理、研究引出了"原型"的概念。原始建筑原型多以自然环境作为建筑产生的背景，例如，劳吉埃尔（M. A. Laugier）在《论建筑》一书中谈及的原始茅屋。对历史建筑类型的梳理多以建筑外观特征和平面布局特征进行归类，例如，迪朗（J. N. Durand）的构图系统。

工业革命后，出现了一些新的建筑类型以满足时代和社会需要，并适应新的社会化大生产。在这些条件和基础上，一些新的建筑类型形成了较为固定的范型。例如，使用预制构件批量生产的厂房和住宅。

这些对于类型的研究都与建筑设计，特别是建筑形式密切相关，使得类型学看起来更接近建筑设计实践的层面。

20 世纪 60 年代后，让类型学在建筑中产生重大影响的著作当属阿尔多·罗西的《城市建筑学》。

罗西的研究从对"城市建筑"的分类开始。所谓"城市建筑"实际上包含城市与建筑的相互隐喻：城市就像一座大房子，而建筑如同一座小城市。城市建筑有其特征和独特性，这主要是由其自身的历史和形式来决定的。很多时候，欧洲城市一些宫殿、纪念性建筑群在其历史中容纳了多种变化的功能，同样的建筑形式体现出完全超越这些功能的魅力。罗西声称，正是形式感染了我们，给我们以经验和享受，赋予城市以结构。个性、场所、历史、记忆和设计，这些词汇用于讨论城市建筑及其类型。

罗西进一步批判了"幼稚功能主义"，城市建筑的功能随着时间的推移而改变，建筑的价值并不总是体现在功能之中。天真的功能主义概念认为，功能汇集了形式，功能本身构成了城市建筑，这将阻碍对建筑形式的研究，阻碍根据建筑的法则来理解建筑世界。

可以看出，罗西是基于欧洲城市和建筑的悠久历史作出这一论断。彼得·埃森曼在为《城市建筑学》英文版所作序言中评论道："与历史融为一体的记忆所赋予类型形式的意义，超过了初始功能给予形式的意义。原先仅仅是对已知事物进行分类的类型学在此成了创新的催化剂和自主形式研究的设计要素。"

如果基于短促中爆发生成的中国当代城市和建筑，似乎难以理解这个论断，我们许多城市中的多数建筑历史不超过三四十年，与此同时还正在拆除超过50年或数百年历史的建筑。没有历史和记忆的基础，罗西的类型学注定在中国难以被真正理解，这点暂且放下不谈。

罗西的类型学研究的是城市和建筑的元素类型。他希望分离出那些经久不衰的元素。

罗西强调城市是由各种不同时期、不同的社会和形式特征的地区组成的整体。地区之间的差别构成了城市的典型特征，不能简化为一种解释和一套形式法则。由此，他区分出所谓"特定区域（研究区域）"，相比于较大的城市元素，如街道系统，这是较小的城市环境。居住区就是一类研究区域，是一个有特定形态、单元、景观、社会功能的综合体。

另外，还有一些发挥着特殊凝聚作用的城市元素，罗西称之为主要元素。例如，纪念碑、纪念性建筑群，也包括由特殊事件产生的有形或无形的场所。这些主要元素如同催化剂，能产生超过其初始功能的更为重要的价值，加快城市化的进程（有时则是减缓这一过程）。

概括地说，罗西对于类型的强调，旨在突出特定区域（如居住区）和主要元素（如纪念碑、宫殿、神庙）在城市结构中的重要作用，强调从历史和集体记忆角度理解它们的恒久性。这与他后来的建筑实践方向有着密切联系。在城市规划方面，罗西反对简单幼稚的功能主义城市分区，他旁征博引，讨论了从经济（土地征收、土地所有制等）、城市规模等角度理解城市变化的动力，还增加了政治这一选择因素。但他始终坚持城市结构、特定区域和特定建筑类型具有某种自主性——超越城市功能、经济、规模甚至历史，持续存在着，从城市建筑自身就可以解释城市。

● 建筑现象学

建筑现象学强调建筑、环境和城市的整体性，强调场所的整体氛围，强调对于建筑的多种感官感知、体验。这些内容如果置于詹克斯的符号学参照系中，大体上属于"能指"的第二层次，而对于环境、氛围、意境的关注涉及"所指"。建筑现象学也延伸关注了"人的存在"这一深刻的哲学命题。相对而言，这部分的理论性和抽象程度较高。

现象学（Phenomenology）一词源自希腊文，是研究表象、外观或现象的一门哲学。相关的哲学家中，比较重要的有胡塞尔、海德格尔和梅洛—庞蒂，另外，马塞尔与萨特等人也是较为著名的相关哲学家。

德国哲学家胡塞尔被称为现象学之父。

胡塞尔主张一种现象学还原，即回到事物自身，排除哲学、科学和文化的偏见，按照事物本来的面目观察、感受它们，凭借直觉从现象中直接发现本质。换言之，本质也是一种现象，只不过更为一般和纯粹。

海德格尔是胡塞尔的同事，也是学生。他把胡塞尔的"现象学还原"指向了存在自身，建立了存在主义的现象学。在其后期的一些著作中，海德格尔探讨了人类自身的存在与建筑、环境、世界的关系。

梅洛—庞蒂是法国现象学的代表人物。他认同胡塞尔的现象学还原，但在他的《知觉现象学》中更强调对于世界的观察、认知和描述，强调人们要回到"被感知的生活世界的现象"。知觉是构成知识的最基本层次，位列文化、科学之上。可以说，他的现象学首先是感知世界的现象学。

在建筑理论界，诺伯格—舒尔茨在20世纪80年代陆续发表了一系列理论著作，包括《场所精神——走向建筑的现象学》、《居住的概念》、《建筑中的意向》、《存在、建筑、空间》，其哲学思想主要受到了海德格尔存在主义的影响。

《场所精神——走向建筑的现象学》是集中反映舒尔茨思想的著作。在场所精神（Genius Loci）一词中，"场所"的意义不只是区位、地段，而是由"物质的本质、形态、质感及颜色等，具体的物，所组成的整体。这些物的总和决定了环境的特性。"这种环境的"气氛"和生活情境不应该被简化和割裂，应保持整体性。在此意义上，对场所精神的推崇的确遵循了现象学所说的"回到事物本身"，它反对抽象化和类似哲学、科学的理性心智构造。

人、动物、花朵、树木、河流、城镇、道路、房屋、太阳、星星、月亮乃至雪花与冬夜……每一种情境都有其特殊的气氛和特性。

关于场所的分类，第一个层次是自然的与人为的。舒尔茨对应使用的具体术语是"地景"与"聚落"。之后可以出现其他分类范畴，如地与天（水平与垂直）、内与外等。

在《场所精神》一书中，空间与特性被用来具体分析"地景"与"聚落"。

特性或者说气氛，是任何场所中最丰富的特质。界定空间边界的手法不同，场所可能拥有非常不同的特性。特性是比空间更普遍而具体的概念。一方面指的是综合的气氛，另一方面是具体的造型及空间界定元素的本质，即场所的材料组织与造型组织。不同的行为需要不同特性的场所。场所的特性是时间的函数，因季节、一天的周期、气候、光线变化而改变。

而空间并不是几何学中各向度均质的那个空间，空间是一个场所系统，内与外、扩展与围合的各种关系描述了具体空间中的各种特质。其中，集中性、方向性、韵律感是主要的特质。地景可视为一种连续的扩展，而聚落则是被围合的实体，此时，两者的关系基本符合于完形心理学所说的图—底关系。空间始于边界。

在《场所精神》一书的中段，舒尔茨运用自己的理论架构分析了布拉格、喀土穆和罗马的场所精神。

《场所精神》的结论部分，舒尔茨终于吐露了写作的真实目的和内心的焦虑不安——二次大战以后，许多场所已经沦丧，许多聚落的特质已经瓦解、无可挽回。大部分新建筑非常贫乏，缺少特性，缺少对人们生活的积极的刺激。许多现代城市焦点沦丧，城市中的建筑不知身处何处，没有连贯性和都市的整体感，与地景毫无关联。用于建筑的材料贫乏、建筑造型与边界上的洞口单调、建筑中的光线和气氛变化无从谈起、城市的方向感缺失、街道—广场—建筑的图底关系不复存在、地景的连续性遭到破坏。

一句话，几乎所有品质都沦丧了。城市与建筑陷入一种环境的危机。如何重建场所？

舒尔茨一方面肯定现代建筑运动的出发点是具有意义的，另一方面，他指出，在建筑和城市发展过程中，需要更充分地理解功能主义，理解环境问题。在写作《场所精神》的年代，舒尔茨认为现代建筑进入第二个阶段，其主要目标应该是赋予建筑物和场所以独特性。设计应该将地方性和环境因素纳入综合考虑，而不是仅仅基于一般类型和法则。阿尔瓦·阿尔托在赛纳查罗市政厅中将地形的形态融入建筑和院落的设计，是一种将空间结构与环境相配合的做法，舒尔茨予以肯定。他还认同晚期的柯布西耶。朗香教堂被舒尔茨视为一个重要的转折点。舒尔茨认为，柯布西耶在此全力重返建筑的心理尺度，塑造了一个有意义的真实的中心，体现了一个具体场所的"集中性"特质。另外，舒尔茨评论道，柯布西耶在昌迪加尔规划中也展现了对都市聚落的认同。路易斯·康是舒尔茨提及的第三位在场所创造方面有决定性贡献的人。

舒尔茨套用自己的观点对柯布西耶和路易斯·康进行比较："他们都理解建筑的特性是一种具体化的特性，同时是人类的和自然的特性，他们的建筑物对这些特性进行了实质上的表现。"

舒尔茨肯定了一连串作品对于重建场所的贡献，也提示到，在现代建筑发展的多种可能性里，要警惕一些倾向。比如，如果对事物的理解倾向于形式上而非存在上的感受，那么，模仿阿尔托的浪漫思路可能变质为肤浅的情感。再比如，罗西的"超现实、超时间性"的理性建筑，如果忽略生活的特性，则会变成一种空洞的修辞。类型学如果遗漏了环境与地方性，将变得贫瘠不堪。再比如，美国的一些建筑已经成为表现大公司和机构权势的手段，不再赋予人们自由和认同感。

舒尔茨倡导场所精神，其核心是要赋予场所中各种具体事物以合适的特性，缺乏特性、缺乏个性将导致贫乏。在处理自然与人工环境中各种事物关系的时候，要关注地景的特质（如连续性）和聚落（建筑或城市）的特质（如集中性、方向感、韵律感等等）。在场所已遭破坏的现代城市里，建筑应该成为场所的重建。

舒尔茨最后指出，这个理论并不足以达成最终的目的，建筑师需要培养感觉和想象力，艺术的教育变得比以往更加重要，应该被视为我们的教育基础之一。而目前我们所受的教育主要还是虚假的分析思考和所谓"事实"的知识。

美国建筑师斯蒂文·霍尔在 1989 年出版的作品集中阐述了其设计中采用的现象学思想。在受到梅洛—庞蒂的知觉现象学影响后，霍尔与帕拉斯玛、佩雷斯—戈麦斯合著了《知觉的问题——建筑的现象学》，强调从建筑的体验层面理解空间序列、材料的质感、光线的氛围。从知觉角度，除了视觉感受、听觉、嗅觉、味觉和触觉，都可以与视觉协同创造出更完整的空间体验。

霍尔认为，建筑能够创造出时间和空间的感觉交织。通过将形式、空间、光线和建筑交织在一起，建筑能够将日常生活的体验升华。在此意义上，建筑超越了几何，是观念和形式间的有机联系。

虽然很难将整体的知觉分解为独立的构成要素，霍尔还是提出了一些建筑知觉领域，比如，在视觉方面，有不同视角下的透视空间，有色彩、光影、水与镜像；在听觉方面，有室内与外部空间的声音特质，或者说声音创造出的空间感觉；在触觉方面，材料和细部设计为建筑体验提供了重要的触觉领域。另外，建筑体验的时间性也受到霍尔的关注。

建筑现象学借助了海德格尔的"存在主义"，提示出设计者应该关注环境与建筑的特性，以获得场所系统，进而获得人类自身在环境中的存在感，实现"诗意的栖居"。借助梅洛—庞蒂的知觉、体验概念，建筑现象学强调建筑设计要将多种人类的知觉、体验进行复合与联系，这样的建筑才能激发和转换人们的日常存在，去观看和体验建筑中的现象，将使人们成为感知的主体。

除了上述从哲学、语言学、文学等学科中借鉴发展起来的关于形式和形式阐释的理论之外，从设计实践领域也直接发展、总结出了若干关于建筑形式的主张和理论。

● 功能主义、理性主义

功能是与形式密切联系的设计因素。20 世纪初，路易斯·沙利文追随一本由雕塑家霍拉肖·格里诺所写的书《形式与功能》，提出了那句名言"形式追随功能"。在功能主义和理性主义看来，建筑形式应该清楚显示出用途的建筑物。

功能主义和理性主义，两者的设计观念常常不加区别地概括如下：
（1）注重建筑的使用功能；
（2）注重经济性；
（3）注重材料和结构；
（4）注重空间和三维体量；
（5）反对简单抄袭沿用历史风格；
（6）拒绝装饰。

密斯以及其同事雨果·哈林、格罗皮乌斯在 20 世纪 20 年代都明确表示了对于功能的强调。甚至，与风格派相关的荷兰建筑师范·杜斯堡在 1924 年也强调了平面的重要性："新建筑是功能的，对需求的满足在一个可以理解的平面中得到确定。"

功能主义和理性主义与强调功能、材料、经济性等相关因素对于建筑形式的限制和约束，是一种形式的关联性研究和学说。

● 形式主义、风格派

第一次世界大战后，社会生活方式、技术与经济情况发生重大变化，人心思变。对于建筑师而言，古代的建筑风格与样式成为急需突破的陈规。一批建筑师乃至艺术家对于新建筑的形式问题产生浓厚兴趣。形式主义的学说是关于建筑形式的独立性学说。

勒·柯布西耶依据肯尼斯·弗兰普顿的评价，"在20世纪建筑学的发展中起到了绝对中心的和种子的作用"。

有理由通过回顾柯布西耶的思想，在其工程师美学与居住机器学说之外，考察其关于建筑形式的观念。

众所周知，柯布西耶热情拥抱工程师的美学，但这毋宁说是抛砖引玉。他说道："建筑师通过使一些形式有序化，实现了一种秩序，这秩序是他的精神的纯创造……这时我们感觉到了美。"

柯布西耶积极推动住宅工业化生产，但是他更为强调艺术家的意识、活力与美。

在《走向新建筑》这本宣言式的著作中，体块、表面、平面、基准线、秩序性这些与形式密切相关的术语构成了重要线索。他甚至如此解释所谓"精神的纯创造"：
"凹凸曲折是建筑师的试金石。他被考验出来是艺术家或者不过是工程师。
凹凸曲折不受任何约束。
它与习惯，与传统，与结构方式都没有关系，也不必适应于功能需要。凹凸曲折是精神的纯创造：它需要造型艺术家。"

这些对于建筑形式神话般的尊崇，使得肯尼斯·弗兰普顿把勒·柯布西耶作为现代建筑运动中"形式主义"的例证。在弗兰普顿看来，"柯布西耶为解决工程师美学和建筑艺术之间的矛盾，以及他为在实用中注入神话体系的努力，必然使他与20世纪 20 年代后期的功能主义—社会主义的设计师们发生冲突。"

在艺术与建筑理论中，较为公认的是，这一时期的下面三种运动推动了形式思想的发展：

（1）风格派与欧洲的形式主义流派；

（2）俄国形式主义，这一流派曾流行于 1916 至 1930 年间；

（3）美国形式主义，这一流派发展自 20 世纪 50 年代。

美国形式主义距离当代最近。其中菲利普·约翰逊、保罗·鲁道夫、贝聿铭和路易斯·康都不同程度地强调建筑形式的不同方面。时间稍晚的埃森曼、格雷夫斯和迈耶的作品则更加清晰地表现其对于建筑形式的认识与追求。

其中埃森曼的表现较为极致，他强调"形式语法"，进行网格、框架的重复、旋转、镜像等操作，试图探讨严谨而复杂的形式规则，与形式以外的因素不加以关联。

● 结构主义

结构也是与建筑形式密切关联的因素。结构主义对于建筑形式的论述，主要包括如下：

（1）形式是作为结构的逻辑结果而出现的；

（2）结构为建筑师提供了创造新形式思想；

（3）结构技术也可以是一种美学表现。

19 世纪的哥特复兴，推动了建筑师对于材料和结构的兴趣，以维奥莱—勒—杜克为代表的建筑师认为，在建筑学中首要的和最重要的是结构问题。他也认为，艺术是从技术中衍生出来的，并且忠实于材料。新艺术与工艺美术运动在一定程度上把工艺问题引入建筑设计的视野。1919 年，魏玛国立建筑学校开办，这就是包豪斯。包豪斯的第一任校长格罗皮乌斯写到："建筑师，画家，雕塑家，我们都必须转向工艺······艺术家是一些具有更高权力的工匠。"

而在苏联 20 世纪 20 年代开始的构成主义运动中，一方面，结构性（结构工程和结构力学）被强调；另一方面，结构也被用来描述一种形式特征，而并非都是受力分析的结果。

● 后现代主义

后现代主义对于建筑形式的主张简要梳理如下：

（1）复杂与矛盾是必要的，建筑形式需要有丰富的意义；

（2）现代的风格可以与历史风格相混合；

（3）多样性可以用"意义的多价性"来衡量。"一个建筑师应该把握几种风格和几种符号代码，以及将这些风格和符号代码加以变化，以适应他正在为之设计的特殊的文化。"（詹克斯语）

如果将现代建筑运动视为与建筑传统的历史性断裂，对它的反叛则主要来自历史主义者。

阿诺德·汤因此在1938年使用"后现代"一词，描述日益增长的多样性价值。诺伯格—舒尔茨在其著作《西方建筑的意义》一书中，用"多样主义"反映了多种风格和平共处的宽容立场。

1966年，罗伯特·文丘里发表了《建筑的矛盾性与复杂性》。

1977年，查尔斯詹克斯发表了《后现代建筑语言》。

这两本书成为后现代主义理论的重要支柱。

上述从功能主义到后现代主义的各种观念和理论的形成都有其社会、技术和文化背景。例如：

大规模住宅标准化生产；

现代工程技术和新材料的出现；

现代制造业的发展；

现代艺术的发展；

现代化过程中社会与文化的变迁；

传统文化、地域文化和历史研究的影响。

多年以来，在上述这些观念中，形式追随功能、形式追随结构成为现代建筑设计实践的主流指导思想，而其他思潮和观念要么日渐式微，要么作为主流之外的必要补充。现代技术发展对建筑的支持则主要表现在批量标准化生产的高效率，以及结构经济合理方面。而当代建筑对这些主流原则提出某些质疑与挑战。

地标建筑案例库图片索引

阿尔及尔 7月5日体育场	阿尔及尔 El Aurassi酒店	阿尔及尔 阿尔及尔邮政总局	阿尔及尔 死难者纪念碑	阿联酋迪拜 迪拜伯瓷酒店
阿联酋阿布扎比 阿布扎比投资管理局	阿联酋迪拜 Al Fattan Marine Towers双塔	阿联酋迪拜 迪拜中央市场	阿联酋迪拜 King Faisal Mosque清真寺	阿联酋迪拜 迪拜国家银行大厦
埃及开罗 开罗国家银行	埃及开罗 开罗塔	埃及开罗 拉美西斯希尔顿酒店	埃及亚历山大 亚历山大图书馆	摩洛哥卡萨布兰卡 哈桑2世大清真寺
摩洛哥卡萨布兰卡 联合国球体	苏丹喀土穆 苏丹国家博物馆	苏丹喀土穆 苏丹国会大厦	苏丹喀土穆 泊瓷阿法特国际酒店	苏丹喀土穆 苏丹中央银行
安哥拉卢旺达 财政部大楼	安哥拉卢旺达 吉拉索尔医院	安哥拉卢旺达 卢旺达港务局	安哥拉卢旺达 麦丽坚总统酒店	南非开普敦 国际会议中心
南非约翰内斯堡 OR Tambo 国际机场	南非约翰内斯堡 约翰内斯堡电讯塔	南非约翰内斯堡 卡尔顿中心	南非约翰内斯堡 种族隔离博物馆	尼日利亚拉各斯 尼日利亚联合银行
美国费城 丽思卡尔顿酒店	美国洛杉矶 Beverly Hills	美国洛杉矶 水晶教堂	美国洛杉矶 Getty Museum盖蒂博物馆	美国洛杉矶 Hollyhock House

| 阿联酋迪拜 | 阿联酋迪拜 | 阿联酋迪拜 | 阿联酋迪拜 | 阿联酋迪拜 |
| Jumeirah Beach酒店 | 萨拉姆电讯公司大楼 | Kazim Towers双塔 | Grosvernor House住宅 | 海洋高度大厦 |

| 阿联酋迪拜 | 阿联酋迪拜 | 卡塔尔多哈 | 埃及开罗 | 埃及开罗 |
| 酋长国团结塔 | 地平线大厦 | 伊斯兰艺术博物馆 | 杰济拉现代艺术中心 | 开罗歌剧院 |

| 摩洛哥卡萨布兰卡 | 摩洛哥卡萨布兰卡 | 摩洛哥卡萨布兰卡 | 摩洛哥卡萨布兰卡 | 摩洛哥卡萨布兰卡 |
| 卡萨布兰卡广场酒店 | 灯塔 | 卡萨布兰卡科技园 | 双塔中心 | 卡萨布兰卡大教堂 |

| 苏丹喀土穆 | 苏丹喀土穆 | 苏丹喀土穆 | 安哥拉卢旺达 | 安哥拉卢旺达 |
| 苏丹中国友谊厅 | 沙希德清真寺 | 耐里清真寺 | BPC大楼 | 安哥拉国家银行 |

| 南非开普敦 | 南非约翰内斯堡 | 南非约翰内斯堡 | 南非约翰内斯堡 | 南非约翰内斯堡 |
| 大都会人寿保险大楼 | 非洲博物馆 | 市政中心 | 宪法法院 | 钻石大厦 |

| 尼日利亚拉各斯 | 美国费城 | 美国费城 | 美国费城 | 美国费城 |
| 市政中心 | Bell Atlantic Tower | Comcast Center | Liberty Place Building | 费城市政厅 |

| 美国洛杉矶 | 美国洛杉矶 | 美国洛杉矶 | 美国洛杉矶 | 美国洛杉矶 |
| 好莱坞高地娱乐综合体 | 市政厅 | 洛杉矶市立艺术博物馆 | Galen Center艺术中心 | 美洲银行大厦 |

美国洛杉矶 迪斯尼音乐厅	美国洛杉矶 洛杉矶圣母大教堂	美国洛杉矶 神殿大会堂	美国洛杉矶 威斯汀波纳文彻尔酒店	美国纽约 克莱斯勒大厦
美国纽约 现代艺术博物馆	美国纽约 联邦储备银行	美国纽约 公共图书馆	美国纽约 洛克菲勒中心	美国纽约 IAC大厦
美国纽约 熨斗大厦	美国芝加哥 阿德勒天文台	美国芝加哥 芝加哥艺术学院	美国芝加哥 AT&T公司大楼	美国芝加哥 菲尔德自然历史博物馆
美国芝加哥 箭牌公司总部	美国芝加哥 讲坛大厦	美国芝加哥 普里茨克音乐棚	美国芝加哥 "双玉米楼"	美国芝加哥 水塔广场大厦
美国芝加哥 科学技术博物馆	美国芝加哥 中央图书馆	墨西哥墨西哥城 国家宫	墨西哥墨西哥城 艺术宫	墨西哥墨西哥城 马约尔大厦
墨西哥墨西哥城 墨西哥国立自治大学图书馆	阿根廷布宜诺斯艾利斯 Kavanagh building卡瓦纳大厦	阿根廷布宜诺斯艾利斯 国家装饰艺术博物馆	阿根廷布宜诺斯艾利斯 Torres El Faro法罗大厦	阿根廷布宜诺斯艾利斯 方尖碑
巴西里约热内卢 现代艺术博物馆	巴西里约热内卢 巴西石油公司总部大楼	巴西里约热内卢 当代艺术博物馆	巴西里约热内卢 二战纪念碑	巴西里约热内卢 市立电影院

| 美国纽约 | 美国纽约 | 美国纽约 | 美国纽约 | 美国纽约 |
| 爱丽丝岛移民博物馆 | 帝国大厦 | 中央车站 | 古根海姆美术馆 | hearst tower赫斯特大厦 |

| 美国纽约 | 美国纽约 | 美国纽约 | 美国纽约 | 美国纽约 |
| 时代华纳中心 | 联合国大厦 | 华尔华斯大厦 | 世贸双子塔 | 西格拉姆大厦 |

| 美国芝加哥 | 美国芝加哥 | 美国芝加哥 | 美国芝加哥 | 美国芝加哥 |
| 斯默菲特-斯通大厦 | 当代艺术博物馆 | 蔡斯大厦 | 第二保诚广场大楼 | 汉考克大厦 |

| 美国芝加哥 | 美国芝加哥 | 美国芝加哥 | 美国芝加哥 | 美国芝加哥 |
| 王牌国际酒店 | 雅克大街南311号大厦 | 希尔斯大厦 | 怡安保险大厦 | 云门 |

| 墨西哥墨西哥城 | 墨西哥墨西哥城 | 墨西哥墨西哥城 | 墨西哥墨西哥城 | 墨西哥墨西哥城 |
| Vasconcelos图书馆 | 拉丁美洲塔 | 奥林匹克体育宫 | 证券交易所 | 国立自治大学Rectoria大楼 |

| 阿根廷布宜诺斯艾利斯 | 阿根廷布宜诺斯艾利斯 | 阿根廷布宜诺斯艾利斯 | 阿根廷布宜诺斯艾利斯 | 巴西里约热内卢 |
| 国会大厦 | 国家美术馆 | 国家图书馆 | 科隆剧院 | 大都会教堂 |

| 巴西里约热内卢 | 巴西里约热内卢 | 巴西圣保罗 | 巴西圣保罗 | 巴西圣保罗 |
| 市立剧院 | 市立图书馆 | 阿尔蒂诺阿兰特斯大楼 | Edifício Copan科潘大厦 | 意大利大厦 |

巴西圣保罗	巴西圣保罗	巴西圣保罗	巴西圣保罗	巴西圣保罗
拉丁美洲纪念馆	Luz 鲁兹火车站	米兰特淡水河大厦	市立剧院	圣保罗艺术博物馆
哥伦比亚波哥大	哥伦比亚波哥大	哥伦比亚波哥大	哥伦比亚波哥大	智利圣地亚哥
喇沙大学教堂	斗牛场	国立哥伦比亚大学讲堂	国立哥伦比亚大学图书馆	国家图书馆
印度孟买	印度孟买	印度孟买	印度孟买	印度孟买
印度航空公司大厦	国家表演艺术中心	威尔士王子博物馆	西德希维纳雅克寺庙	尼赫鲁科学中心
西班牙巴塞罗那	西班牙巴塞罗那	西班牙巴塞罗那	西班牙巴塞罗那	西班牙巴塞罗那
艺术酒店	L'Auditori音乐厅综合体	Mapfre保险公司大楼	阿格巴大厦	奥林匹克体育场
西班牙巴塞罗那	西班牙巴塞罗那	西班牙巴塞罗那	西班牙巴塞罗那	西班牙巴塞罗那
达利剧院博物馆	当代艺术博物馆	海边光伏发电顶棚	海边气象信息中心	加泰罗尼亚国家剧院
西班牙巴塞罗那	西班牙巴塞罗那	西班牙巴塞罗那	西班牙巴塞罗那	西班牙巴塞罗那
米罗基金会博物馆	诺坎普球场	圣家族教堂	圣卡特里娜市场改建	圣乔治宫奥林匹克体育馆
西班牙马德里	西班牙马德里	西班牙马德里	西班牙马德里	西班牙马德里
布兰卡斯公寓大楼	参议院大厦	大都会大厦	斗牛场	国家音乐厅

| 哥伦比亚波哥大 | 哥伦比亚波哥大 | 哥伦比亚波哥大 | 哥伦比亚波哥大 | 哥伦比亚波哥大 |
| 波哥大档案馆 | Edificio Bancafe银行大厦 | 正义宫 | 科尔巴德利亚大厦 | Torres del Parque Rogelio Salmona |

| 智利圣地亚哥 | 智利圣地亚哥 | 智利圣地亚哥 | 智利圣地亚哥 | 印度孟买 |
| 莫内达宫文化中心 | 电视塔 | 电话大楼 | 中央市场 | 印度航空公司大厦 |

| 印度孟买 | 印度孟买 | 印度孟买 | 中国北京 | 西班牙巴塞罗那 |
| 尼赫鲁科学中心天文馆 | 泰姬·玛哈酒店 | 印度门 | 鸟巢—国家体育场 | 圣保尔医院 |

| 西班牙巴塞罗那 | 西班牙巴塞罗那 | 西班牙巴塞罗那 | 西班牙巴塞罗那 | 西班牙巴塞罗那 |
| 德国馆 | 电视塔 | 巴塞罗那法国车站 | 水族馆 | 巴特罗公寓 |

| 西班牙巴塞罗那 | 西班牙巴塞罗那 | 西班牙巴塞罗那 | 西班牙巴塞罗那 | 西班牙巴塞罗那 |
| 加泰罗尼亚国家艺术博物馆 | 加泰罗尼亚音乐宫 | 金鱼雕塑 | 论坛大楼 | 米拉公寓 |

| 西班牙巴塞罗那 | 西班牙马德里 | 西班牙马德里 | 西班牙马德里 | 西班牙马德里 |
| 天然气公司大楼 | BBVA Tower | Vaguada钢拱门 | 毕加索大厦 | 伯纳乌球场 |

| 西班牙马德里 | 西班牙马德里 | 西班牙马德里 | 西班牙马德里 | 西班牙马德里 |
| 皇家剧院 | 机场T4新航站楼 | 马德里议会 | 马德里综合体育馆 | 欧洲大厦 |

西班牙马德里	西班牙马德里	西班牙马德里	西班牙马德里	西班牙马德里
欧洲门	普拉多博物馆扩建	Torre Sacyr Vallehermoso	Torre Caja Madrid	水晶大厦
意大利罗马	意大利罗马	意大利罗马	意大利罗马	意大利罗马
国立现代美术馆	和平祭坛博物馆	拉特兰大学图书馆扩建	罗马奥林匹克体育场	罗马火车站
意大利罗马	意大利罗马	意大利罗马	意大利米兰	意大利米兰
意大利民族宫	音乐厅综合体	英国驻意使馆	Europlex影院和商业中心	Velasca大厦
意大利米兰	意大利米兰	意大利米兰	奥地利维也纳	奥地利维也纳
皮勒里大厦	圣希洛足球场	新贸易博览会中心	Arik Brauer Haus	Ernst Happel Stadium
奥地利维也纳	奥地利维也纳	奥地利维也纳	奥地利维也纳	奥地利维也纳
现代艺术博物馆	T-Center	Uniqua Tower	联合国办公室和国际原子能组织	Urania天文馆
奥地利维也纳	奥地利维也纳	德国柏林	德国柏林	德国柏林
维也纳邮政所总局大楼	维也纳总医院	包豪斯档案馆	柏林中央车站	Bode博物馆
德国柏林	德国柏林	德国柏林	德国柏林	德国柏林
Max-Schmeling体育馆	Pergamon Museum	shell_haus	sony中心周边大楼	Velodrom室内体育场

| 西班牙马德里 | 西班牙马德里 | 西班牙马德里 | 意大利罗马 | 意大利罗马 |
| 西班牙大厦 | 西班牙大厦 | 西班牙电视塔 | MAXXI21世纪当代艺术博物馆 | 国家档案馆 |

| 意大利罗马 | 意大利罗马 | 意大利罗马 | 意大利罗马 | 意大利罗马 |
| 罗马文明博物馆 | 罗马小体育宫 | 千禧教堂 | 清真寺与伊斯兰文化中心 | 议会大厦 |

| 意大利米兰 | 意大利米兰 | 意大利米兰 | 意大利米兰 | 意大利米兰 |
| 博科尼大学 | 国家铁路建设大楼 | 米兰博览会大楼 | 米兰马尔佩萨国际机场 | 米兰中央车站 |

| 奥地利维也纳 | 奥地利维也纳 | 奥地利维也纳 | 奥地利维也纳 | 奥地利维也纳 |
| Haas Haus | Hundertwasser House | Leopold Museum | looshaus | Millennium Tower千禧年塔 |

| 奥地利维也纳 | 奥地利维也纳 | 奥地利维也纳 | 奥地利维也纳 | 奥地利维也纳 |
| 分离派展览馆 | 高架桥住宅 | 卡尔马克思大楼 | 垃圾焚烧厂 | 煤气罐改造Gasometers |

| 德国柏林 | 德国柏林 | 德国柏林 | 德国柏林 | 德国柏林 |
| 蛇形住宅大楼 | DZ_Bank | Europa Center | GSW headquarters | Ludwig Erhard-Haus |

| 德国柏林 | 德国柏林 | 德国柏林 | 德国柏林 | 德国柏林 |
| 白林爱乐音乐厅 | 柏林电视塔 | 柏林国家图书馆新馆 | 柏林社会科学研究中心 | 柏林新国家美术馆 |

| 德国柏林 | 德国柏林 | 德国柏林 | 德国柏林 | 德国柏林 |
| 柏林犹太人博物馆 | 德比斯大楼(debis-haus) | 德国外交部大楼 | 德意志历史博物馆 | 国会大厦 |

| 德国汉堡 | 德国汉堡 | 德国汉堡 | 德国汉堡 | 德国汉堡 |
| Chilehaus智利屋 | Dockland | 易北河爱乐音乐厅 | 河滨帝国饭店 | Gruner + Jahr出版公司总部 |

| 德国汉堡 | 德国汉堡 | 德国汉堡 | 德国汉堡 | 德国汉堡 |
| Mövenpick Hotel | Mundsburg大楼 | Radisson SAS hotel | 汉堡中央车站 | 联合利华三翼大厦 |

| 法国巴黎 | 法国巴黎 | 法国巴黎 | 法国巴黎 | 法国巴黎 |
| 再保险公司大楼 | 大皇宫 | 德方斯大门 | 法国电力大楼 | 法兰西广播电台 |

| 法国巴黎 | 法国巴黎 | 法国巴黎 | 法国巴黎 | 法国巴黎 |
| 水晶塔楼酒店 | 图腾大厦 | 王子公园体育场 | 小皇宫博物馆 | 新工业技术中心CNIT |

| 法国里昂 | 法国里昂 | 法国里昂 | 澳大利亚墨尔本 | 澳大利亚墨尔本 |
| 里昂信贷银行大楼 | 努维尔剧院 | 托尼加涅尔音乐厅 | Eureka_Tower | 当代艺术中心 |

| 澳大利亚墨尔本 | 澳大利亚墨尔本 | 澳大利亚墨尔本 | 澳大利亚墨尔本 | 澳大利亚墨尔本 |
| 墨尔本会展中心 | 墨尔本水族馆 | 墨尔本艺术中心 | 墨尔本中环 | 南十字火车站新站房 |

| 德国柏林` | 德国柏林 | 德国柏林 | 德国柏林 | 德国柏林 |
| 联邦总理府 | 欧洲犹太人大屠杀纪念碑 | 人民剧院 | 世界文化馆 | 威廉凯撒新圣徒纪念教堂 |

| 德国汉堡 | 德国汉堡 | 德国汉堡 | 德国汉堡 | 德国汉堡 |
| 汉堡博览中心 | 电视塔 | Kunsthalle Hamburg一期 | Kunsthalle Hamburg二期 | Kunsthalle Hamburg三期 |

| 德国莱比锡 | 法国巴黎 | 法国巴黎 | 法国巴黎 | 法国巴黎 |
| 新贸易博览中心主厅 | 30年代博物馆 | 法国国家图书馆 | 德方斯之心大楼 | 布朗利博物馆 |

| 法国巴黎 | 法国巴黎 | 法国巴黎 | 法国巴黎 | 法国巴黎 |
| 红杉大厦Tour Sequoia | 科学城博物馆 | 老佛爷酒店 | 卢浮宫玻璃金字塔 | 蓬皮杜艺术中心 |

| 法国里昂 | 法国里昂 | 法国里昂 | 法国里昂 | 法国里昂 |
| 里昂火车站 | Part-Dieu火车站 | 国际城与当代艺术博物馆 | 国际刑警组织总部 | 机场高铁站 |

| 澳大利亚墨尔本 | 澳大利亚墨尔本 | 澳大利亚墨尔本 | 澳大利亚墨尔本 | 澳大利亚墨尔本 |
| 港区体育场 | 皇冠赌场娱乐综合体 | 丽爱图大厦 | 联邦广场 | 墨尔本博物馆新馆 |

| 澳大利亚墨尔本 | 澳大利亚墨尔本 | 澳大利亚悉尼 | 澳大利亚悉尼 | 澳大利亚悉尼 |
| 维多利亚国家画廊 | 战争纪念馆 | 德意志银行 | 奥林匹克体育场ANZ | 澳大利亚航海博物馆 |

澳大利亚悉尼	澳大利亚悉尼	澳大利亚悉尼	澳大利亚悉尼	澳大利亚悉尼
澳洲广场大厦	花旗集团	面包机住宅	奇夫利大厦Chifley Tower	世界广场
澳大利亚悉尼	澳大利亚悉尼	澳大利亚悉尼	澳大利亚悉尼	新西兰奥克兰
悉尼足球场	星空城市酒店和赌场	战争纪念馆	州立飞利浦大厦	Britomart换乘中心
俄罗斯莫斯科	俄罗斯莫斯科	俄罗斯莫斯科	俄罗斯莫斯科	俄罗斯莫斯科
Kotelnicheskaya Embankment Building	乌克兰宾馆	外交部大楼	Sadovo-Kudrinskaya building	列宁格勒饭店
俄罗斯莫斯科	俄罗斯莫斯科	俄罗斯莫斯科	俄罗斯莫斯科	俄罗斯莫斯科
Kazansky Rail Terminal火车站	Lukoil building	New Genshtab俄罗斯军队总部	Nueva Universidad	奥林匹克体育场
俄罗斯莫斯科	俄罗斯莫斯科	俄罗斯莫斯科	俄罗斯莫斯科	俄罗斯莫斯科
罗斯托夫海滨大厦	莫斯科中心	奥斯坦金诺电视塔	俄罗斯科学院	红门
俄罗斯圣彼得堡	俄罗斯圣彼得堡	俄罗斯圣彼得堡	新加坡	新加坡
Ploshchad Vosstaniya	圣彼得电视塔	window to europe	市政厅	Esplanade广场
新加坡	新加坡	新加坡	新加坡	新加坡
UOB CENTRE大华银行中心	pan pacific泛太平洋大厦	议会大厦	莱佛士城瑞士酒店	republic plaza共和广场

| 澳大利亚悉尼 | 澳大利亚悉尼 | 澳大利亚悉尼 | 澳大利亚悉尼 | 澳大利亚悉尼 |
| 悉尼歌剧院 | 悉尼会展中心 | 悉尼机场控制塔 | 悉尼水族馆 | 悉尼塔 |

| 新西兰奥克兰 | 新西兰奥克兰 | 新西兰奥克兰 | 新西兰奥克兰 | 俄罗斯莫斯科 |
| 天空塔 | Vector多功能体育馆 | 奥克兰战争纪念博物馆 | 边缘表演艺术与会议中心 | 莫斯科大学主楼 |

| 俄罗斯莫斯科 | 俄罗斯莫斯科 | 俄罗斯莫斯科 | 俄罗斯莫斯科 | 俄罗斯莫斯科 |
| bagration tower-bridge | cityhall1970 | 空间征服者纪念碑 | 纳比会赞亚那楼 | hotel cosmos宇宙酒店 |

| 俄罗斯莫斯科 | 俄罗斯莫斯科 | 俄罗斯莫斯科 | 俄罗斯莫斯科 | 俄罗斯莫斯科 |
| Rossiya Hotel | 俄军剧院 | 政府办公大楼（白宫） | Towers at Mosfilmovskaya st | Variety theatre |

| 俄罗斯莫斯科 | 俄罗斯莫斯科 | 俄罗斯莫斯科 | 俄罗斯圣彼得堡 | 俄罗斯圣彼得堡 |
| 列宁墓 | 卢日尼基体育场 | 特列季亚科夫画廊 | 基洛夫体育场 | 拉德斯基火车站 |

| 新加坡 | 新加坡 | 新加坡 | 新加坡 | 新加坡 |
| maybank马来亚银行 | Millenia Tower千年塔 | NTU | NTU美院 | OCBC华侨银行 |

| 新加坡 | 新加坡 | 新加坡 | 新加坡 | 新加坡 |
| 国土大厦 | UOB CENTRE大华银行中心 | Vivo City怡丰城 | 弗莱登酒店 | 克拉码头 |

形式差异化手法图解汇总

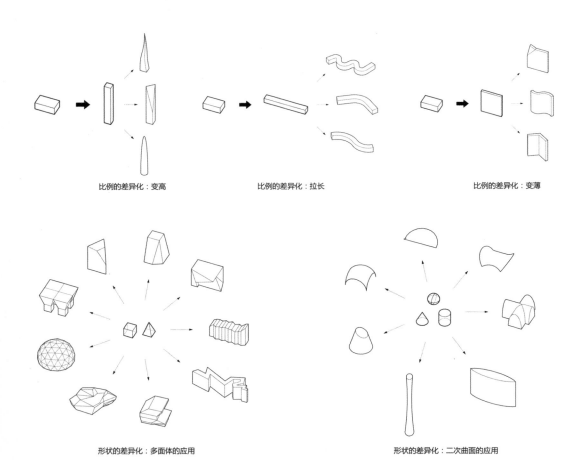

比例的差异化：变高　　　　　　　　比例的差异化：拉长　　　　　　　　比例的差异化：变薄

形状的差异化：多面体的应用　　　　　　　　　　形状的差异化：二次曲面的应用

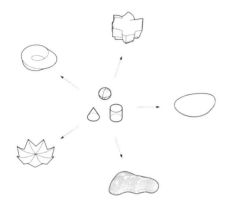

形状的差异化：高次曲面、单侧曲面的应用

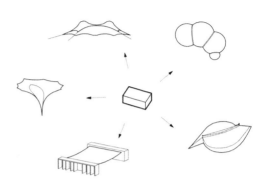

形状的差异化：极小曲面的应用（悬链曲面、薄膜）

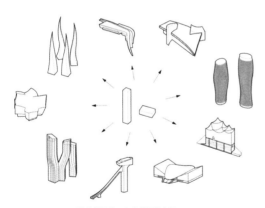

形状的差异化：自由曲面的应用

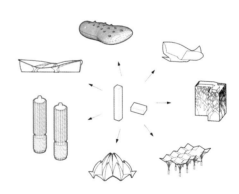

形状的差异化：仿自然形的应用

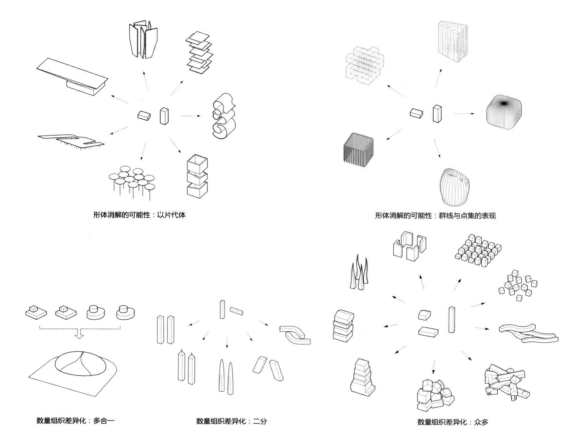

形体消解的可能性：以片代体

形体消解的可能性：群线与点集的表现

数量组织差异化：多合一

数量组织差异化：二分

数量组织差异化：众多

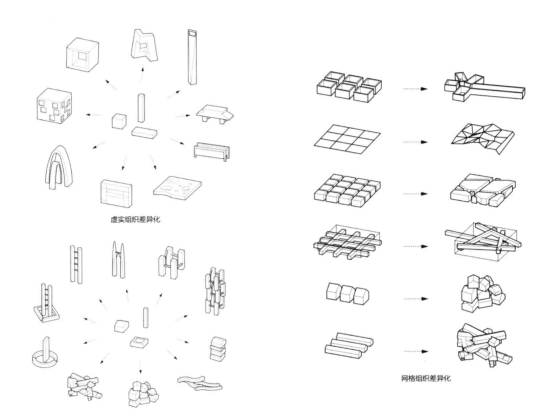

虚实组织差异化

位置关系与拓扑关系（分合、连接）差异化

网格组织差异化

对称性差异化

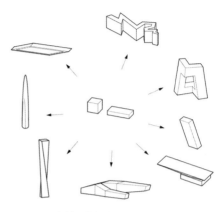

动感与动势表现差异化：常规机械动势

动感与动势表现差异化：特殊与突变动势

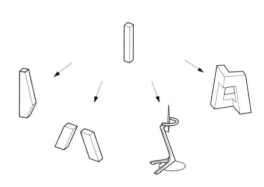

失衡表现差异化

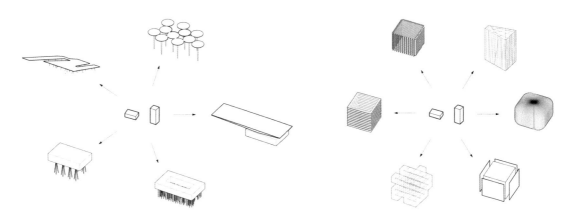

轻盈感的表现：形态轻量化   轻盈感的表现：质感轻量化

致　谢

感谢刘德麟教授对本书提出的宝贵修改建议。

感谢清华大学建筑学院庄惟敏院长、朱文一教授、王路教授、张利教授，中国建筑设计研究院李兴钢副总建筑师，北京建筑大学王昀教授提出的宝贵修改建议。

本书写作过程中，还得到了王舸、余知衡、张冰洁、夏文谦、任羽楠、李牧歌的帮助和支持，在此一并表示感谢。

感谢我的妻子张玉婷多年来的支持。

出版单位和编辑为本书的出版和推广作出了令人欣赏的贡献。

黄源

2014 年 9 月

图书在版编目（CIP）数据

差异: 当代建筑形式解析 / 黄源, 王丽方著 . — 北京:
中国建筑工业出版社，2014.11
ISBN 978-7-112-17369-3

I.①差…　II.①黄…②王…　III.①建筑设计 — 研
究 — 世界 — 现代　IV.①TU2

中国版本图书馆CIP数据核字（2014）第242689号

责任编辑：唐　旭　杨　晓
责任校对：陈晶晶　姜小莲

差异｜当代建筑形式解析

黄源　王丽方　著

＊

中国建筑工业出版社出版、发行（北京西郊百万庄）
各地新华书店、建筑书店经销
北京京点设计公司制版
北京画中画印刷有限公司印刷

＊

开本：787×1092 毫米　1/16　印张：18½　字数：340 千字
2014 年 11 月第一版　2014 年 11 月第一次印刷
定价：**78.00**元
ISBN 978-7-112-17369-3
（26167）